エネルギー事業における

インフラプロジェクトのM&A

入札から
株式譲渡契約まで

はじめに

2022年2月ロシアがウクライナへ侵攻し、エネルギーの世界では大きな地殻変動が起きました。ロシアが欧米各国からの制裁を受け孤立する一方、ロシアからのガス輸出に依存していた欧州は突然エネルギー危機に見舞われることとなりました。また世界の石炭・石油・天然ガスの需給バランスが崩れ、エネルギー資源の奪い合いが始まりました。エネルギー価格の高騰により、インフレーションが亢進し、先進国、新興国を問わず経済環境に大きな影響を与えています。ロシアのウクライナ侵攻に伴う今回のエネルギー危機は、過去の2度の石油危機とは異なるもので、地政学とエネルギーの安全保障が結び付いた大きな転換点にあるといえます。

このようなダイナミズムの中、電力を中心とするエネルギー関連のインフラストラクチャーが活発に売買されています。脱炭素の追い風を受け、太陽光発電や風力発電などの再生可能エネルギーの新増設が依然隆盛を極めていますが、稼働中の再生可能エネルギーの売買も盛んに行われるようになっています。またカーボンニュートラルの観点から撤退を強いられていた火力発電所は、ウクライナ侵攻以降、エネルギー需給の変化や価格高騰の影響によりその位置づけが見直されています。

このような背景を踏まえ、本書は電力案件を中心とする操業中の海外インフラプロジェクトに関する、M&A（Mergers and Acquisitions: 合併・買収）の基礎知識、入札手続き、デューデリジェンス（投資先の価値やリスクなどの調査）手法、および株式譲渡契約の解説を買主の立場から行います。本書は海外のインフラプロジェクトを念頭に解説しますが、基本的に国内のインフラプロジェクトにおいても内容は共通です。

第1章は、インフラプロジェクトのM&Aが増加する背景の解説です。第2章では、海外インフラプロジェクトのM&Aを成功させるための留意点を説明します。

第3章は、入札プロセスの具体的な内容の解説です。第4章は、海外インフラプロジェクトのデューデリジェンスのポイントをわかりやすく解説します。

第5章は、デューデリジェンスの結果を反映する株式譲渡契約の説明です。

海外インフラプロジェクトのM&Aを検討されている方が本書を読み通すことで、海外インフラプロジェクトのデューデリジェンスのポイントが理解できるように構成しています。

本書が、海外インフラプロジェクトの入札を検討されている方や、海外インフラプロジェクトのデューデリジェンスを一から学びたいという方にお役に立てば幸いです。また、拙著「わかりやすいプロジェクトファイナンスによる資金調達」（税務経理協会）、「英文融資契約書の読み方」（税務経理協会）と併せて読んでいただけると、より理解が深まると思います。

本書は中国電力株式会社で実施した社内勉強会の講義内容がベースとなっています。第3章、第4章は社内勉強会の一部を担当してくださった、中国電力株式会社の同僚で海外電力インフラプロジェクトのM&A業務で活躍する灘 義久さんの講義内容をもとに執筆しました。灘 義久さんに深く感謝の意を表します。

最後に、本書の企画から出版までお世話になりました株式会社税務経理協会編集部の吉冨智子部長に深く御礼申し上げます。

2024年3月

堀切　聡

目　次

第1章

インフラプロジェクトの M&Aが増加する背景

SECTION 1

カーボンニュートラルとエネルギー業界

1　カーボンニュートラルとエネルギー安全保障の両立

世界の150を超える国々がカーボンニュートラルを宣言し、世界全体が脱炭素に向けた取り組みを加速しています。しかしロシアによるウクライナ侵攻以降、全世界が未曽有のエネルギー危機に見舞われ、脱炭素化戦略を見直す動きも出ています。

ロシアからのパイプラインガス供給が途絶した欧州は、米国産LNGの調達を増加させました。これにより世界のLNG需給が逼迫したことでLNGの市場価格は乱高下を繰り返しており、この影響を受けた新興国は相対的に安価な石炭に回帰する動きをみせています。また脱炭素社会に必要とされる水素や蓄電池の生産コストは依然として高く、生産コストを削減するための技術開発は必ずしも想定通りに進んでいません。脱炭素投資の牽引役となるはずのグリーンファイナンスではグリーンウォッシュと呼ばれる開示の不透明さの問題が指摘されています。世界各国が脱炭素社会を目指す方向性は長期的には変わらないと思われるものの、ウクライナ侵攻以降、これまでの気候変動対策を前面に押し出したエネルギー政策は、安全保障の側面をより強調した政策へ重点を移さざるを得なくなってきています。カーボンニュートラルとエネルギー安全保障の両立という難題が明らかになってきたといえます。

2　再生可能エネルギー発電のハードル

このようにカーボンニュートラルへの道筋には紆余曲折が予想されるところですが、カーボンニュートラルの担い手は再生可能エネルギー発電であることは論を俟たないと思われます。しかし再生可能エネルギー発電の大量導入には多くのハードルがあります。

まず再生可能エネルギー発電で大きなシェアを占める太陽光発電の発電量は、昼夜の差はもちろんのこと、天候によっても大きく変化するという特徴があります。電力需要と電力供給のバランスが崩れてしまうと、周波数に乱れが生じ、最悪の場合大規模停電に繋がることから、電力需要と電力供給を常にバランスさせる必要があります。再生可能エネルギー発電の出力変動を補うため、既存の火力発電などは発電量を調整し需給バランスが崩れないようにしています。

一方、再生可能エネルギー発電の出力変動を火力発電以外の調整で賄うために期待されているのが蓄電池です。しかし現時点では蓄電池が高価であるため、補助金を前提とした実験的または実証的な位置づけの蓄電池プロジェクトがほとんどで、純粋な商業プラントはなかなか成立しない状況です。一方で将来の蓄電池価格の下落が確実に見込まれており、蓄電池プロジェクトに早く投資をすればその投資の競争力が低下するため、投資のスピードが上がらないのが現状です。また別の観点として、再生可能エネルギー由来の電源が、電力系統に大量に入っていくことで、送電上の制約が生じるという系統制約という問題も指摘されています。

脱炭素社会への期待とFIT制度（Feed-in Tariff：固定価格買取制度。再生可能エネルギーで発電した電気を、電力会社が一定価格で一定期間買い取ることを国が約束する制度）などの政策的インセンティブによって、再生可能エネルギー発電の導入は想定以上に進んできていますが、一足飛びに再生可能エネルギー発電が主力電源となるのは難しいと考えられています。

SECTION 2

増加するインフラプロジェクトのM&A

1　国内での太陽光発電所の売買

2012年7月のFIT制度導入以降、国内の太陽光発電の導入が急速に進みました。政府は第6次エネルギー基本計画において、2030年の野心的目標として103.5～117.6GWの太陽光発電の導入を見込んでおり、今後も太陽光発電所の増加が予想されています。

一方で近年、既存の太陽光発電所の売買が盛んに行われています。この背景としてFITなど固定価格の電力販売によって安定収益が確保できること、新規開発のための適地がもはや国内にないこと、新設に比べてリスクが低いこと、などが考えられます。またFIT付の太陽光発電所がFIT制度の期限を迎えており、FIT卒業後を見込んだ売買も行われています。FIT以外のFIP制度（Feed-in Premium：再生可能エネルギー発電事業者が卸市場などで売電したときその売電価格に対して一定のプレミアム（補助額）を上乗せする制度）やPPA（Power Purchase Agreement：発電事業者と需要家の間で締結する電力購入契約）を電力販売契約に持つ太陽光発電所が出てきており、売主・買主の選択肢が増えています。ほかにも脱炭素社会の実現に向けて自社の電力調達をCO_2フリーのグリーン電力とするために、「電力需要家として」太陽光発電所を自身のアセットとして購入するケースも増えています。また太陽光発電所の売却益を得た売主が、風力発電などに再投資する動きもあり、再生可能エネルギー全体の底上げにつながる可能性も考えられます。

近時の太陽光発電所の大型売買の一例として、2023年2月、豊田通商株式会社（以下、「豊田通商」）がソフトバンクグループ株式会社子会社であるSBエナジー株式会社（以下、「SBエナジー」）の株式の85％の取得に合意した例が挙げられます（2023 年 2 月 9 日付豊田通商プレスルーム）。SB エナジーは主に国内の太陽光発電所を保有する大手再生可能エネルギー事業者ですが、この豊田通商による買収により、SB エナジーは豊田通商の子会社（持株比率 85 %）となり、豊田通商は傘下の国内最大規模の風力発電能力を持つ株式会社ユーラスエナジーホールディングスに加えて、太陽光でも国内最大規模の発電事業者となりました。

2　売買情報のプラットフォーム

太陽光発電所を中心とした再生可能エネルギー発電所の売買気運が高まる中、再生可能エネルギー事業会社やコンサルタント会社などが、太陽光発電所の売買仲介事業に相次いで参入しており、売買を仲介するための情報プラットフォーム会社が設立されています。

一例として、2022 年 8 月、大手商社の丸紅株式会社（以下、「丸紅」）は、売買プラットフォームである SOLACLE を開設しました。その売買プラットフォームでは丸紅が保有する FIT 制度に基づく国内太陽光発電所を投資家や企業が直接購入できるとともに、太陽光発電所を保有中の投資家や企業が丸紅に直接売却できるものとなっています。

丸紅は、太陽光発電所の二次流通市場において、設備の瑕疵や取引における信用上の不安といった課題を、丸紅が購入し運営を行った上で販売することにより解消し、社会基盤としての太陽光発電所の普及・流動化を促進する、としています（2022 年 8 月 31 日付 丸紅ニュースリリース）。

また2023年3月、デロイト トーマツ グループのデロイト トーマツ コンサルティング合同会社は、国内の太陽光発電所や再生可能エネルギー電力の売却希望情報を地図上でデータベース化して示す太陽光発電所・再生可能エネルギー売買プラットフォーム「Renewable Energy Platform」を開発し、売却/売電希望企業からの案件受付および、購入希望企業に対しての情報提供を開始する、と発表しました。売却希望の事業用太陽光発電所および、PPA や FIP 売電を検討している発電所の情報を地図上で見える化し、発電所のセカンダリー売買および電力取引のための検討を支援しようとするものです（2023年3月7日付 デロイト トーマツ コンサルティング合同会社ニュースリリース）。

これらのプラットフォームを通じて、再生可能エネルギー発電所の売却や再生可能エネルギー由来の電力の販売を希望する企業の情報が、それらの購入を希望する企業に広く提供でき、適切なタイミングかつ透明性の高い価格での売却・購入の機会を得ることが可能となります。特に再生可能エネルギー業界への新規参入企業にとって、売買取引機会が少なく取引実態の把握が難しいという課題があることから、これらの情報プラットフォームは情報の非対称性を軽減するものとなるでしょう。

3　国内での太陽光発電所以外の発電所の売買例

現在の国内での再生可能エネルギー発電所の売買は、太陽光発電所が中心ですが、風力、水力、バイオマスなどによる発電所の売買も拡大しつつあります。

(1) ENEOS株式会社によるジャパン・リニューアブル・エナジー株式会社の買収

（2021年10月11日付ENEOS株式会社ニュースリリース）

ENEOS株式会社（以下、「ENEOS」）は、2021年10月、は太陽光、陸上風力およびバイオマスの再生可能エネルギー電源を多数保有するジャパン・リニューアブル・エナジー株式会社（以下、「JRE」）の全株式取得を決定しました（その後2023年4月1日付で事業統合しています）。JREの2021年9月時点で運転中の再生可能エネルギー発電容量は約37.9万kW、建設中のものを含めると約70.8万kWに達します。JRE全株式取得後のENEOSの国内外における運転中・建設中の再生可能エネルギーの総発電容量は、約122万kW（2021年9月時点）となります。今後、ENEOSは、これまで培ってきたエネルギー事業者としての知見と、JREの事業開発能力を結集して、日本を代表する再生可能エネルギー事業者を目指します、としています。

(2) NTTアノードエナジー株式会社と株式会社JERAによる株式会社グリーンパワーインベストメントの買収

（2023年5月18日付NTTアノードエナジー株式会社、株式会社JERAプレスリリース）

日本電信電話株式会社100％子会社NTTアノードエナジー株式会社（以下、「NTTアノード」）と、東京電力フュエル＆パワー株式会社と中部電力株式会社との合弁である株式会社JERA（以下、「JERA」）は、2023年5月、株式会社グリーンパワーインベストメント（以下、「GPI」）などの国内再生可能エネルギー事業を共同で取得することとし、売主である米国の再生可能エネルギー事業者Pattern Energy Group LPとの間で株式売買契約を締結し、2023年8月に株式などの取得を完了しています。GPIは、2004年の設立以降、一貫して再生可能エネルギーの開発・建設・運営に取り組む、国内再生可能エネルギー発電事業のリーディングカンパニーで、操業中の太陽光5.6MW、陸上風力28.1MW、建設中の陸上風力8.0MW、洋上風力11.2MWを保有しています。NTTアノードは非通信事業の育成を、JERAは自身の洋上風力のノウハウを国内洋上風力に活かすことが目的と想像されます。

(3) インフロニア・ホールディングス株式会社による日本風力開発株式会社の買収

（2023年12月12日付インフロニア・ホールディングス株式会社ニュース）

インフロニア・ホールディングス株式会社（以下、「インフロニア」）は、日本風力開発株式会社（以下、「日本風力開発」）の全株式を所有するJWDホールディングス3株式会社の株式をベインキャピタルより取得し、子会社化することを2023年12月、取締役会で決議し、株式譲渡契約書を締結しました。日本風力開発は、風力発電事業のリーディングカンパニーで、2023年4月時点で、国内国外で293基、総発電容量570,850kWの風力発電所の開発し、2023年12月時点において、総発電容量約3,600MWの風力発電事業の開発予定プロジェクトを抱えています。インフロニアは、インフロニア及び日本風力開発が、互いに保有している風力発電事業に関するノウハウ、技術、ネットワークを含むケイパビリティや強みを補完・相互活用することにより、一気通貫で再生可能エネルギー事業を広く展開できる唯一無二の集団となること、ひいては今後更なる拡大が見込まれている風力発電市場において、名実ともにナンバーワンの企業グループとして、カーボンニュートラル実現に向けたあらゆる社会課題を解決するとともに、共に成長していくことを目指す、としています。

このように、近時国内大手企業による再生可能エネルギー資産の囲い込みとも思われる大型買収が目立つようになっています。大手企業は、新たなビジネスチャンスの獲得に加え、脱炭素電源の確保という狙いもあるものと考えます。

4　様々な形態で行われる海外インフラプロジェクトの売買

脱炭素化・低炭素化の動きが加速する中、世界では化石燃料を使用する設備や化石燃料権益からの撤退事例が相次いでおり、特に欧州を中心に石炭火力発電所の廃止が進んでいます。しかし視野を広くしてみますと、世界のエネルギーシステムはまだまだ化石燃料を主体としており、化石燃料の供給源や供給施設、化石燃料を使用するエネルギーインフラストラクチャーを簡単に廃止や転換できないという「現実」から目を背ける訳にはいきません。特に人口増加と経済成長が進む新興国ではエネルギー需要がますます増加するため、世界的に見れば化石燃料の使用は一定程度続く可能性があります。したがって、再生可能エネルギーの導入などの非化石エネルギーへの移行が進められつつも、当面はCO_2排出量のより少ない化石燃料への移行が中心となっていくものと思われます。またその移行において生じるエネルギーコストの上昇は不可避であり、そのコスト上昇のインパクトを如何にスムーズなものとしていくかが鍵となりましょう。特にこのエネルギーコスト上昇のインパクトは新興国ではより深刻な負担となるはずです。それゆえ、先進国、新興国のそれぞれの状況や事情に応じて化石燃料エネルギーからの移行を進める多様性を許容していくことが大切と考えます。

したがって海外インフラプロジェクトの売買は、化石燃料エネルギー設備から水素や再生可能エネルギーなどの非化石エネルギー設備へのシフト一辺倒ではなく、各国や地域の状況に応じて、様々な形態で行われることになると考えられます。

5　海外で売買される発電所の例

本邦企業による海外での発電所（再生可能エネルギーや化石燃料の発電所）の大型買収例を見てみます。

(1) JERAによる洋上風力発電、火力発電、再生可能エネルギー発電事業者の買収

JERAは海外においても発電所や発電事業の買収を積極的に行っており、最近の買収例を紹介します。

①　ベルギーの大手洋上風力発電事業者Parkwind社

（2023年3月22日付JERAプレスリリース）

JERAは、子会社を通じて、ベルギーの大手洋上風力発電事業者であるParkwind NV（以下、「Parkwind社」）の株式の100％を約15.5億ユーロで取得することとし、株式売買契約を締結しました。

Parkwind社は、ベルギーの大手洋上風力発電事業者で、ベルギーで総発電容量77.1万kW（同社持分容量42万kW）の洋上風力発電プロジェクトを運営するとともに、ドイツで発電容量25.7万kW（同社持分容量18万kW）の洋上風力発電プロジェクトを建設中です。さらに、欧州を中心に同社持分容量452.6万kWの開発中の洋上風力発電プロジェクトを保有しています。

JERAは同社の買収により、同社の有する欧州での洋上風力発電事業のノウハウや知見をJERAがすでに参画中または今後参画する洋上風力発電事業に活用できるとしています。

② 米国北東部のガス火力発電事業権益の取得

（2022年5月13日付JERAプレスリリース）

JERAは米国マサチューセッツ州およびメイン州の2つのガス火力発電所の事業権益を100％取得する権益売買契約を締結しました。この権益取得の目的は、人口密集地であり高い電力需要が見込まれるものの、新規の発電所立地の困難な米国北東部において、機動性の高い既存ガス火力発電所により、当該地域での安定的な電力供給を行うためとしています。また米国北東部において脱炭素化を進めていくためには、バイオ燃料への転換、ガスタービンでの水素混焼、蓄電池の活用などの脱炭素に向けた取り組みを検討していくとしています。

JERAの国内で培った火力発電所の技術力を生かしつつ、既存火力発電所の取得権益を通じてエネルギートランジションに取り組むというJERAの姿勢がみられます。

③ ベトナムの大手再生可能エネルギー発電事業者ザライ電力合弁会社への出資

（2022年8月16日付JERAプレスリリース）

JERAは、ベトナムの大手再生可能エネルギー発電事業者であるザライ電力合弁会社（Gia Lai Electricity Joint Stock Company）の発行済み株式の約35.1％を取得するための株式売買契約を締結しました。ザライ電力合弁会社は水力・太陽光・風力を中心に、建設中を含め約60万kWの発電所を保有・運営していますが、2025年までに170万kWまでの太陽光や風力などの発電資産を保有するとしています。

JERAの狙いは、ザライ電力合弁会社への取締役の派遣や、モニタリングを通じた関与によって、同社からの投資収益の確保を図るとともに、将来の再生可能エネルギープロジェクトの共同開発などにより収益基盤を拡大させることにあるとしています。

COLUMN　売却（M&A）情報を入手するには

海外のインフラプロジェクトの売却（M&A）情報は、どのように手に入れるのですか、という質問を受けることがあります。海外のインフラプロジェクトへ新規参入しようとしている方々は、売却案件の情報収集に苦労されていることが多いです。

売却案件の情報は、大きく分けて、売主のFA（Financial Advisor）から声がかかるケースと、売主自身から直接声がかかるケース、の2つのパターンがあると考えます。ここでの売主のFAとは、売却（M&A）計画の立案から株式譲渡契約のクロージングによる株式譲渡取引成約までの一連の助言業務を行う売主サイド専属のアドバイザリーのことです。FAの業務は、メガバンクや投資銀行、証券会社、大手会計事務所系のアドバイザリー会社、ブティックと呼ばれるM&A専業会社が行っています。

売主のFAは、当該インフラプロジェクトへの投資に関心を持ちそうな企業リストを作成し、買収の関心の有無につき順次照会していきますので、FAから声を掛けてもらえる関係を日頃から構築しておくことが大事です。FAに対しては、あなたの企業が計画する投資対象はどのようなインフラプロジェクトであるか（対象国、対象地域、インフラプロジェクトの種類、投資金額規模、経営権を持つ必要があるかどうか、など）を明確に伝えておく必要があります。

次に売主から直接声がかかるようにするには、地道な営業活動が必要といえそうです。あなたの企業が将来投資対象としたいインフラプロジェクトを現時点で開発または保有運営している企業とコンタクトを取り、そのインフラプロジェクトに将来参画する可能性を探ることが近道と思います。特にファンドが保有するインフラは、当該ファンドが償還される前に売却されることが確定しているので、ファンドとの接触は重要と思います。このように取得希望のインフラプロジェクトを保有する企業やファンドとの接触を通じて、売主のFAの買主候補リストに載ることも期待できます。また、インフラプロジェクトを保有運営する企業やファンドへの営業活動を続けることで、インフラプロジェクトの売主・買主という関係だけでなく、新しいインフラプロジェクトへの共同投資を持ちかけられることで、共同出資者（パートナー）としての関係が生まれることも期待できます。

第2章

M&Aを成功させるための留意点

電力関連のインフラプロジェクトとは

第2章では電力案件を中心とする海外インフラストラクチャー（以下、「インフラ」）プロジェクトのM&A（Mergers and Acquisitions）を成功させるための留意点を説明します。

インフラとは国民経済の発展に必要な公共施設である、学校、病院、道路、港湾、橋梁、鉄道、バス、上下水道、電力、ガス、電話、通信施設などの社会的経済基盤のことです。

インフラのうち民間事業として成立しないものは公共事業として実施されますが、電力の領域は、様々な規制は残るものの民間事業として成り立つインフラ領域の一つであり、実際に多くの民間の電力関係の投資事業（プロジェクト）が存在しています。

電力は大きく発電、送電、配電の3つの分野に分けられますが、特に発電分野でのインフラプロジェクトが多く実施されています。

発電分野でのインフラプロジェクトの主な担い手は、独立系発電事業者（IPP：Independent Power Producer）と呼ばれる、発電設備を保有して電力系統に電力を供給することを目的とする事業体です。IPPは電力販売先との電力販売契約や、固定価格買取制度などで、長期間の電力引取が確保されているため、比較的安定した収益を得られる投資事業である一方で社会的経済基盤としての機能を持つ事業ともいえます。

発電分野でのインフラプロジェクトの種類には、石炭火力発電、天然ガス火力発電、原子力発電、バイオマス発電、水力発電、太陽光発電、風力発電などがあります。脱炭素社会を目指すために、CO_2の排出の少ないバイオマス発電、水力発電、太陽光発電、風力発電などの再生可能エネルギーによる発電所が、近年積極的に導入されており、電力需要量に対する再生可能エネルギー発電の割合は大きく増加しています。

なお、本書で取り上げる電力案件を中心とする海外インフラプロジェクトのM&Aは、「操業中」の海外インフラプロジェクトとし、買収する立場から説明を行います。また買収は「非上場株式の譲渡」によるものとします。本書では海外の所在するインフラプロジェクトのM&Aを対象としていますが、国内のインフラプロジェクトにおいても内容はほぼ変わりません。以降、海外インフラプロジェクトの「海外」は省略し、「インフラプロジェクト」と称します。

SECTION 2

インフラプロジェクトのM&Aの目的

このSECTIONではインフラプロジェクトのM&Aを行う買主の目的はそもそも何かという点を明らかにし、その目的を達成しM&Aを成功させるためのステップを説明します。

1　インフラプロジェクトのM&Aの目的

インフラプロジェクトのM&Aの究極的な目的は「買主の企業価値の向上」であることはいうまでもありません。

しかしM&Aによるインフラプロジェクトの買収を検討する場合、「どのような目的でそのインフラプロジェクトを買収するのか」といった、より具体的な目的を明確に持つ必要があります。

なぜならインフラプロジェクトのM&Aは、既存の出資者によって手掛けられた進捗中のインフラプロジェクトの買収であり、買収候補となるインフラプロジェクトが、買主の目的に叶った希望通りの案件とは限らないからです。

またインフラプロジェクトのM&Aでは、一般的な買収後の統合プロセス（PMI：Post Merger Integration）による買収先の大きな改革は基本的に行われず、インフラという資産の性格上、買収前と同様の操業を継続しつつ、コスト削減などを通じて買収先の価値向上を目指すものであるからです。

したがって、M&Aの目的を具体的にして買収候補案件を選別・評価しなければなりません。そのM&Aの目的の具体的な内容は、インフラプロジェクトのM&Aによって得られる買収による効果が、企業の事業戦略と整合しているかどうかという点になると考えられます。

図表2-1は、インフラプロジェクトのM&Aが事業戦略と整合する観点を例示しています。それぞれのポイントは以下の通りです。

図表 2-1　インフラプロジェクトの M&A の取り組み意義例

インフラプロジェクトの M&A の目的
究極の目的は買主企業の企業価値の向上

↓

事業戦略との整合 = 取り組み意義	
(1)	中核事業の強化
(2)	成長市場での需要の開拓
(3)	独自技術の供与
(4)	新規分野への進出
(5)	脱炭素社会実現に向けた取り組み
(6)	投資の分散化

(1) 中核事業の強化

当該 M&A の買収先（以下、「対象会社」）が、自社の優先順位の高い中核事業であり、その中核事業の一層の強化に繋がると考えられる場合です。

(2) 成長市場での需要の開拓

当該 M&A により未開拓の市場に打って出ることで、自社が新たな成長市場での需要を取り込むことを目的とする場合です。

(3) 独自技術の供与

自社独自の技術を対象会社へ供与することで、市場の開拓やライセンスフィーの獲得を狙う場合です。

(4) 新規分野への進出

当該 M&A の対象会社は自社の経験のない新規事業分野であるものの、ノウハウを取得することで、自社の新たな成長領域としていく場合です。

(5) 脱炭素社会実現に向けた取り組み

CO_2の排出をなるべく抑える設備への転換や再生可能エネルギー由来の電力を調達することなどで、脱炭素化への取り組みによって自社の中長期的な競争優位性を確保しようとする場合です。

(6) 投資の分散化

すでにインフラプロジェクトの投資実績が一定程度あるため、プロジェクトの所在地・種類・リスク・投資期間などを分散させようとする場合です。

この事業戦略との整合は、言い換えるとインフラプロジェクトのM&Aの「取り組み意義」と同義です。

M&Aの究極の目的は買主企業の企業価値の向上ですので、当該インフラプロジェクトのM&Aによって獲得する直接的な収益が企業自身の企業価値の向上に寄与することは言を俟ちません。しかし対象会社からの直接的な収益貢献だけでなく、M&Aの「取り組み意義」を通じて得られる間接的で長期的な収益貢献も企業価値の向上に繋がると考えます。

2　投資の目的を達成しM&Aを成功させるためのステップ

インフラプロジェクトへの投資は、投資金額が大きく、投資期間が長く、事業のリスク（不確実性）が高く、案件ごとの個別性が強いという特徴があります。

したがって、インフラプロジェクトのM&Aを検討するにあたって、買主は事業戦略に整合する「取り組み意義」のある買収候補案件を慎重に投資評価する必要があります。さらにその投資評価結果を踏まえて、株式譲渡が確実かつ想定通り行われるよう株式譲渡条件について売主とシビアな交渉をする必要があります。

図表 2-2　インフラプロジェクト M&A のステップ

ステップ		内容	解説
(1)	投資評価 (第 1 段階)	「概括的」スクリーニングによる候補案件の選別と評価	第 2 章
(2)	投資評価 (第 2 段階)	「徹底的な」デューデリジェンスによる株式の評価とリスク査定	第 3 章 第 4 章
(3)	株式譲渡 条件の交渉	売主と買主との条件交渉	第 4 章 第 5 章

インフラプロジェクトの M&A の投資評価と条件交渉のステップを整理すると図表 2-2 の通りの 3 段階となります。

この 3 段階のうち投資評価は下記（1）（2）の 2 段階のステップに分かれます。

(1) 第 1 段階の投資評価

第 1 段階の投資評価は買収候補案件の選別および評価（スクリーニング）です。スクリーニングとは、事業戦略に整合する「取り組み意義」の観点や、定量的要素（収益性や出資総額、想定投資期間など）の観点、および定性的要素（所在国、発電の種類、採用技術、建設状況、操業実績、販売契約の種類、持株比率、株主の役割など）の観点から、「概括的かつ簡易に」投資評価を行い買収対象会社の絞り込み（選別・評価）を行うことです。

このスクリーニングを行う基準は投資評価基準と呼ばれます。その詳細は下記 **3 投資評価基準**で解説します。

またこのスクリーニングにあたり留意すべき点は SECTION 3、4 で説明します。

(2) 第 2 段階の投資評価

第 2 段階の投資評価はスクリーニングによって選定された買収対象会社のデューデリジェンスです。デューデリジェンスとは対象会社の企業価値および内在するリスクを「徹底的に」査定するものです。このデューデリジェンスの手法の詳細は本書の主題であり、第３章、第４章で解説します。

(3) 株式譲渡条件の交渉

最後のステップは、第２段階のデューデリジェンスによる投資評価を踏まえた売主との「株式譲渡条件の交渉」です。株式譲渡条件の交渉とは株式譲渡価格の交渉および対象企業に瑕疵などがあった場合の条件交渉です。後者の条件交渉が必要なのは、徹底的にデューデリジェンスを実施しても、株式譲受後に対象会社の簿外債務の存在や機器の不具合、良好でない労務関係などが発覚し、買主が損害を被ることがあるからです。そこでデューデリジェンスの前提となる情報に欠落・過誤がないこと売主に約束させ、対象会社の事実関係の正確性を確保し、万一発生した買主の損害は売主による金銭で償うこととする条件を定めます。この売主との株式譲渡条件交渉については第４章と第５章で解説を行います。

この３つのステップを着実に踏まえて買収の最終決断を行えば、M&Aの成功の確率は高まると考えられます。

3　投資評価基準

投資評価基準は、上記 **2 投資の目的を達成しM&Aを成功させるためのステップ**で述べた第１段階の投資評価であるスクリーニングで用いられるものです。つまりM&Aの目的に整合し「取り組み意義」のある買収候補案件を概括的かつ簡易に評価し、買収候補を絞り込むための基準となります。

「投資評価基準」には大きくは以下３つの要素が必要と考えます（図表2-3）。

①　取り組み意義

②　定量的要素

③　定性的要素

①の取り組み意義とは、当該M&Aと事業戦略とが整合するための基準です

図表 2-3　投資評価基準

投資評価基準（スクリーニングの基準）		
①	取り組み意義	事業戦略との整合し、取り組み意義が認められる
②	定量的要素	収益性、出資総額、リスク発現時の想定損害額、想定投資期間など
③	定性的要素	所在国、発電の種類（火力発電、水力発電、太陽光発電、風力発電）、設備規模、採用技術、建設状況、操業実績、販売契約の種類、持株比率、経営権の有無、株主の役割

(図表 2-1 参照)。

そして②の定量的要素とは、数値で評価可能な基準です。例えばインフラプロジェクトの収益性のほか、出資総額、リスクが発現した際に補償や保険金でカバーされない想定損害額や、想定投資期間などです。定量的要素はその満たすべき水準を数値で定めるべきですが、水準を満たさない場合の救済措置の仕組みも必要です。

③の定性的要素とは、買収候補のインフラプロジェクトの属性に関する基準です。例えばプロジェクトの所在国や、プロジェクトの発電の種類（火力発電、水力発電、太陽光発電、風力発電）、プロジェクトの設備規模、採用技術、建設状況、操業実績、売上の裏付けとなる販売契約の種類、持株比率、経営権の有無、株主の役割などです。

定性的要素の評価基準として大事な点は、各要素にリスクが存在するかしないかの「白黒」の基準ではなく、リスクが存在し「黒」であったのとしても、どのような条件であれば投資対象とするとするかをはっきり定義することです。またその評価基準を満たさなくとも、買主自身の経験や保険などを使ってリスクをコントロールできる場合は可とすることも記します。

この「投資評価基準」に基づき、インフラプロジェクトの買収候補をスクリーニングしたのち、同基準を満たす買収候補を投資評価の第 2 段階であるデューデリジェンスのステップに進ませるかどうかを検討します。

デューデリジェンスにおける投資評価の考え方も基本的に上記「投資評価基

準」と同じですが、デューデリジェンスにおいては、法務デューデリジェンス、技術デューデリジェンス、財務デューデリジェンスといった、様々な種類の視点を設けてデューデリジェンスを行います。また各視点の専門家（弁護士やコンサルタント）を雇用して徹底的にデューデリジェンスを実施します。

このあとのSECTION 3、4では、第1段階の投資評価であるスクリーニングにおいて、M&Aの目的である「取り組み意義」を含む投資評価基準を満たす買収候補案件を選別・評価するには、どのような視点から情報収集やマーケティングを行い、どのような出資参画方法を模索すべきかを説明します。

図表2-4はSECTION 3、4の概要です。スクリーニングによって買収候補案件を選別・評価するポイントを「案件の発掘」および「出資参画の手法」の2つの観点から解説します。

図表2-4　SECTION 3、4の概要

スクリーニングでの投資評価基準を満たす買収候補案件を選別・評価するポイント		
SECTION/タイトル		説明内容
Section 3　案件の発掘		案件の進捗に伴う案件の実態の変化
Ⅰ	インフラプロジェクトの進捗とリスクリターン	案件の進捗に伴う株式価値、リターンの変化
Ⅱ	インフラプロジェクトの進捗と株式譲渡	案件の進捗ごとの株式譲渡の背景
Ⅲ	インフラプロジェクトから売主が撤退する背景	売主の株式譲渡の背景
Section 4　出資参画の手法		新株主として出資参画する際の留意点
Ⅰ	全部譲渡と一部譲渡	譲渡される持株比率に応じた留意点
Ⅱ	入札と相対取引	入札手続きおよび相対取引の留意点
Ⅲ	単独応札とコンソーシアムによる応札	単独応札と他社と組んで応札する場合の留意点

SECTION 3

案件の発掘

SECTION 3では、スクリーニングでの投資評価のうち、投資評価基準を満たす買収候補を「発掘」するための切り口およびその留意点を説明します。

1　インフラプロジェクトの進捗

まず、海外インフラプロジェクト（以下、「インフラプロジェクト」）がどのような過程を経て、計画され、建設され、操業に至るのかを理解しましょう。

図表2-5　インフラプロジェクトの進捗

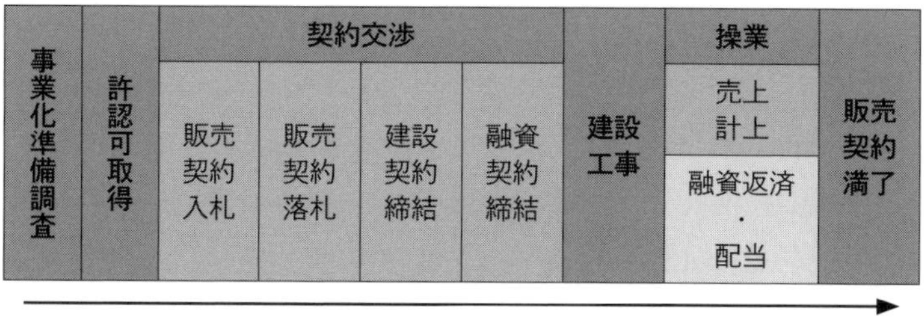

図表2-5は、インフラプロジェクトの進捗の例を簡単に示したものです。

インフラプロジェクトは基本的に独立した新たな投資事業であり、「始まり」と「終わり」があるのが特徴です。「始まり」とは、一からプロジェクトを立ち上げ、投資家を募り、監督官庁から許認可を得て、銀行から融資を受けて、建設を行い、操業を開始することです。「終わり」とは、販売契約の満了や機器の耐用期間の到来に伴い、操業を停止し、プロジェクトを終結させ投資を回収することです。したがってインフラプロジェクトは一般的な企業のように将来にわたって永続的に存在することを前提としていません。

図表2-5を見てください。まず初期段階において事業化準備調査に着手しま

す。事業化準備調査はインフラプロジェクトの実施可能性を机上および実地で調査し、事業性評価（フィージビリティスタディ：FS）によって、インフラプロジェクトの採算性を評価します。

インフラプロジェクトの採算性が出資者間で合意されれば、事業許認可の取得を目指します。許認可を取得できれば、収入を確保する販売契約（発電所のプロジェクトであれば電力販売契約）などの入札に参加します。

販売契約を締結できれば、建設契約を建設会社と締結し、銀行とは融資契約を締結します。銀行の融資が始まれば、建設工事が開始されます。予定通り建設工事が完了（以下、「完工」）すれば、操業を開始し収入が確保されます。そしてその収益から銀行の借入金を返済し、出資者へ配当が支払われます。販売契約が満了を迎えれば、当該インフラプロジェクトは終了します。

2　グリーンフィールドとブラウンフィールドの定義

インフラ投資の世界では、事業化準備調査から完工までの段階を「グリーンフィールド（Greenfield）」と呼び、完工後の操業段階のことを「ブラウンフィールド（Brownfield）」と呼び、それぞれの段階の投資を区別します。

グリーンフィールドにおいては、多くのハードルが予想されます。しかしそのハードルを乗り越えていかねば操業開始までたどり着けません。ハードルの例として、事業化準備調査の段階では、インフラプロジェクトの実現性がなかった、または事業性評価を行うと採算水準に至らなかったという理由でインフラプロジェクトの断念をせざるを得ないことがあります。事業許認可の取得は現地の政府や地方自治体の当局を相手にするため、思い通りのスケジュールで進むとは限りません。またその後も販売契約を落札できない、建設契約を結べない、果ては銀行が融資を承認せず、融資を受けられないこともあり得ます。銀行が融資を開始し、着工できても、完工時期が遅延したり、予算オーバーとなり建設資金が枯渇したり、完工しても設計通りの性能が出せないこともあります（これら3つを完工リスクといいます）。このようにグリーンフィールドでは、操業開始に至るまでの間に、インフラプロジェクトが頓挫し、出資者の株式が紙屑となってしまう可能性が十分にあるのです。

一方、ブラウンフィールドは、すでに完工し操業が開始されている段階ですので、インフラプロジェクトからは収益が生まれているはずです。銀行への元利金の返済が行われ、出資者への配当も始まっているかもしれません。したがって、ブラウンフィールドのインフラプロジェクトに出資者として参画すれば、高い確度でかつ速やかに出資金の配当が受け取れると想定できます。

一般的にグリーンフィールドはブラウンフィールドと対比する意味で、工事が完工するまでの期間を意味します。狭義では「事業化準備調査、許認可取得、販売契約締結」までのことを指すことが多いです。その後の「建設契約、融資契約の締結や建設段階」は、グリーンフィールドではありますが、インフラプロジェクトが成功する確度が高まりますので、狭義のグリーンフィールドと区別するために、本書では「グリーンフィールド後半」と呼ぶこととします。図表2-6は、インフラプロジェクトの進捗とグリーンフィールド、グリーンフィールド後半、ブラウンフィールドとの関係を示しています。

図表2-6　グリーンフィールド、グリーンフィールド後半、ブラウンフィールド

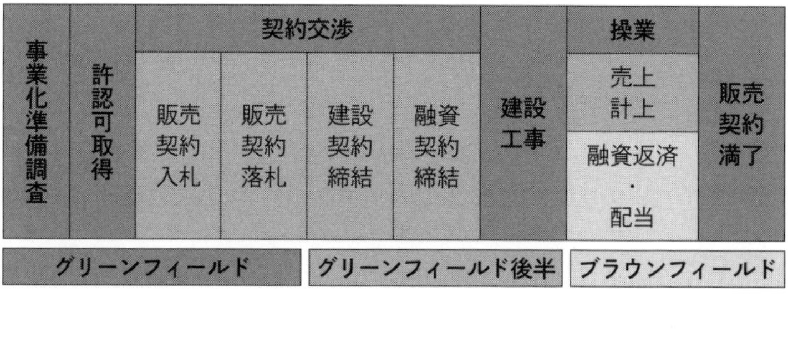

Ⅰ　インフラプロジェクトの進捗とリスクリターン

1　各段階のリスク／株式価値／リターン／自由度

グリーンフィールドとグリーンフィールド後半、ブラウンフィールドは、インフラプロジェクトがどの段階であるかを端的に表すものであり、各段階のインフラプロジェクトの性格は大きく異なります。この3つの段階にどのような違いがあるか、リスク、株式価値、リターン、自由度の4つの観点から比較してみます。

まず、インフラプロジェクトのリスク（不確実性）を考えてみます。グリーンフィールド（グリーンフィールド後半を含む）はリスクが高く、ブラウンフィールドはリスクが低いことは、すぐ理解できるでしょう。なぜなら、グリーンフィールドのインフラプロジェクトには、許認可を取得できるかどうか、銀行の融資を受けられるかどうか、建設が予定通り完工するかどうかなど、さまざまなリスクが存在するからです。これらのリスクが発現してしまうと、インフラプロジェクトは頓挫し株式価値がゼロになるか、なんとか操業まで漕ぎ着けられたとしても、当初想定した収益性は得られないでしょう。したがって、グリーンフィールドはリスクが高いといえます。

一方、ブラウンフィールドのインフラプロジェクトは、すでに操業を開始している状態ですから、インフラプロジェクトが頓挫するような事態に至る可能性は低く、インフラプロジェクトからの配当も見込めます。もちろん、操業の停止や売上が減少するリスクもありますが、グリーンフィールドに比べて、ブラウンフィールドのリスクは低いといえます。

次にグリーンフィールドのインフラプロジェクトの株式価値とブラウンフィールドのインフラプロジェクトの株式価値を比べてみます。ブラウンフィールドのインフラプロジェクトの株式価値は、グリーンフィールドより高いと考えられます。なぜなら操業を開始しているブラウンフィールドはグリーンフィールドよりもリスクが低く、相対的に株式価値が高く評価されるからです。したがって、グリーンフィールドの段階から出資を行っている既存株主がブラウンフィールドで株式を第三者に譲渡した場合はキャピタルゲイン（売買差益）を得られます。

次に、株式の配当利回りの観点を見てみます。ブラウンフィールドの株式価格は相対的に高いため、ブラウンフィールドの株式を購入した新株主は、グリーンフィールドの段階から出資を行っている既存株主よりも、株式の配当利回りが低くなります。

この配当利回りの差異を図表2-7で説明します。グリーンフィールドで取得した1株当たりの株価を仮に＄10とします。その株式はブラウンフィールドになれば株式価値が高くなるため、1株当たりの株価が＄20になると仮定します。しかし、グリーンフィールドで取得した株式であれ、ブラウンフィールドで取得した株式であれ、1株当たりの年間配当額（仮に＄2とします）は一緒であるため、グリーンフィールドで取得した株式の配当利回りは20％（＝＄2/＄10）である一方、ブラウンフィールドで取得した株式の配当利回りは10％（＝＄2/＄20）となり、グリーンフィールドの配当利回りが高くなります。

図表2-7　配当利回りの違いの例

	グリーンフィールド（リスクが高い）	ブラウンフィールド（リスクが低い）
取得時の1株当たり株価	＄10	＄20
1株当たりの年間配当額	＄2	＄2
配当利回り	20％	10％

つまり、グリーンフィールドはハイリスクハイリターン、ブラウンフィールドはローリスクローリターンとなるわけです。なお、グリーンフィールド後半のリスクや株式価値、配当利回りがグリーンフィールドとブラウンフィールドそれぞれ中間に位置することは想像できると思います。

次にインフラプロジェクトの自由度の観点で見てみます。グリーンフィールドは、インフラプロジェクトを一から立ち上げることができるので、出資者の思い通りにインフラプロジェクトを運営できる面はあります。しかし、ブラウンフィールドのインフラプロジェクトは、すでに完工し操業しているので、ブラウンフィールドの段階で参画した出資者はインフラプロジェクトの内容を大きく変更できる自由度は少ないと考えられます。

ここまで説明した各段階におけるリスク、株式価値、リターン、自由度の関係を図表2-8に示します。

図表2-8　リスク、株式価値、リターン、自由度の関係

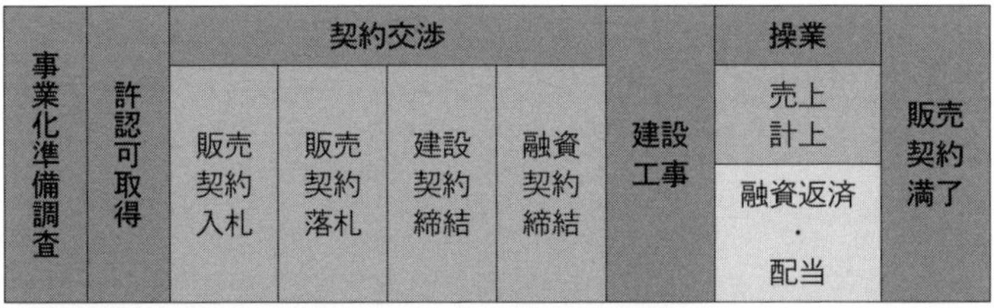

	グリーンフィールド	グリーンフィールド後半	ブラウンフィールド
リスク	高	中	低
株式価値	低	中	高
リターン	高	中	低
自由度	高	中	低

インフラプロジェクトへの投資は、投資金額は大きく投資期間も長く、リスクも少なくはありません。しかしグリーンフィールドから取り掛かるよりも、グリーンフィールド後半もしくはブラウンフィールドから中途参画することで、投資期間を短くでき、事業リスクも抑えることが可能となります。

したがって、インフラプロジェクトの進捗の各段階における参画判断の留意点は、

買主が、

「リスク」の観点から、許容できるリスクはどのくらいか

「株式価値」の観点から、株式取得総額の限度はどれくらいか

「リターン」の観点から、期待するリターンはどのくらいか
「自由度」の観点から、買主に優利となるようにインフラプロジェクトを運営できるか、新たな市場を開拓できるか、またはノウハウを取得できるか

などを、考慮することが肝要となります。

2　インフラプロジェクト収益の安定性

グリーンフィールドのインフラプロジェクトはその成否を見通せないためリスクが高いものの、インフラプロジェクトの成立する可能性が高まれば、大きなキャピタルゲインや高いリターンが得られることが分かりました。一方、ブラウンフィールドは稼働済のインフラプロジェクトであり想定外の事態に陥る可能性は少ないため、リスクは低く安定的な収益が得られるものの、グリーンフィールドよりも、低いリターンとなります。

電気、ガス、水道、交通、通信などのインフラは社会に不可欠な設備であり、人々の生活や企業活動を支える社会資本です。社会資本として整備されたインフラは長期間に亘り安定的な操業を求められます。そのためインフラは一般的に各種規制や保護の対象となり安定的な稼働が制度的に担保されます。したがって操業中のインフラプロジェクトはリスクが低く安定したリターンを期待できる投資と考えられており、グリーンフィールド後半またはブラウンフィールドのインフラプロジェクトを投資先とする需要は大きくなっています。また昨今、企業は脱炭素化社会への移行に伴い、環境負荷の少ない設備や排出するCO_2の少ないエネルギー源を確保しなければならなくなっており、太陽光発電や風力発電などの再生可能エネルギーのインフラプロジェクトを取得しようとする投資ニーズが高まっています。

本書ではブラウンフィールドでのインフラプロジェクトM&Aの株式譲渡おける買主の手続きについて解説します。

Ⅱ　インフラプロジェクトの進捗と株式譲渡

次にグリーンフィールドとグリーンフィールド後半、ブラウンフィールドのそれぞれにおける株主（出資者）の違いを確認し、株式譲渡が進捗過程のどのタイミングで、どのような背景から実施されるのかを考察することで、買主としての株式取得の狙い目を説明します。

1　各段階の株主

グリーンフィールドの出資者の主体は、ディベロッパー（開発業者）やファンドである場合が多いです。ディベロッパーは、グリーンフィールド初期の事業化準備調査、許認可取得、販売契約締結に注力します。グリーンフィールド初期の必要投資額は比較的少額ですが、先述の通りインフラプロジェクトが頓挫するリスクは高いです。しかし、許認可を取得でき販売契約を成約すれば、インフラプロジェクトの成立する可能性が高まるため、株式価値は大きく上昇します。ディベロッパーは許認可の取得時点または販売契約の成約時点で、インフラプロジェクト権益といえる株式を売却し、大きなキャピタルゲインを得ようとします。ここからは販売契約の保証金や建設資金など多額の投資資金が必要になりますから、ディベロッパーはこの時点で株式を譲渡することで、少額投資によるハイリスクハイリターンを志向するのです。また上場株式の利回りよりも高いリターンを求めるプライベートエクイティ（PE）などのファンドも、ディベロッパーと同様にグリーンフィールド初期のリスクを取る傾向にあります。しかしファンドは資金調達力があるので、建設段階や操業段階まで投資を続けることが多いようです。

一方、ブラウンフィールドになると出資者は事業会社や機関投資家が多くなります。事業会社や機関投資家は潤沢な資金を有しており、株式取得価格が高くともリスクが低く安定的かつ確実なリターンを好みます。

ここまでの説明をインフラプロジェクトの進捗との関係で整理すると、図表

2-9の通りとなります。これまでに述べた各段階におけるリスク、株式価値、リターン、自由度に、主な出資主体を加えたものです。

図表 2-9　主な出資主体

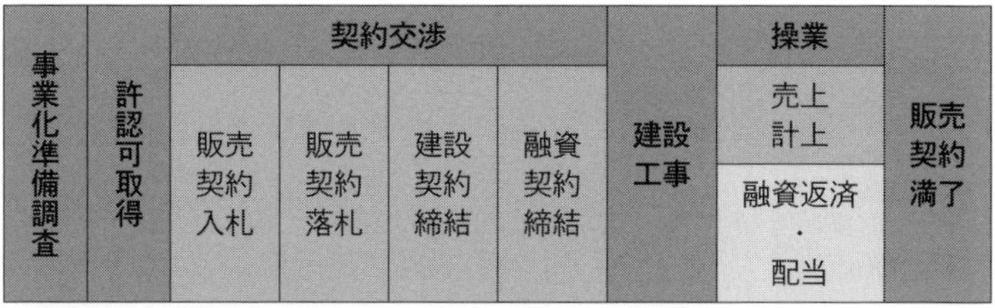

	グリーンフィールド	グリーンフィールド後半	ブラウンフィールド
リスク	高	中	低
株式価値	低	中	高
リターン	高	中	低
自由度	高	中	低
主な出資主体	ディベロッパー		
	ファンド	ファンド	ファンド
		事業会社・機関投資家	事業会社・機関投資家

2　インフラプロジェクトの進捗と株式譲渡

図表2-10は、インフラプロジェクトの進捗と株式譲渡の関係を、株式譲渡が実施される背景および株式譲渡を行う主体（売主と買主）の観点で整理したものです。図表2-10の売主・買主にある太い黒の下向き矢印は、既存株主から新株主に株式が譲渡される（または新株主が増資を引き受ける）タイミングの例を示しています。

インフラプロジェクトの株式取得の狙い所は、この太い黒の下向き矢印のタイミングにおいて、その段階における出資者から株式取得することであるといえます。

図表 2-10　株式譲渡の背景

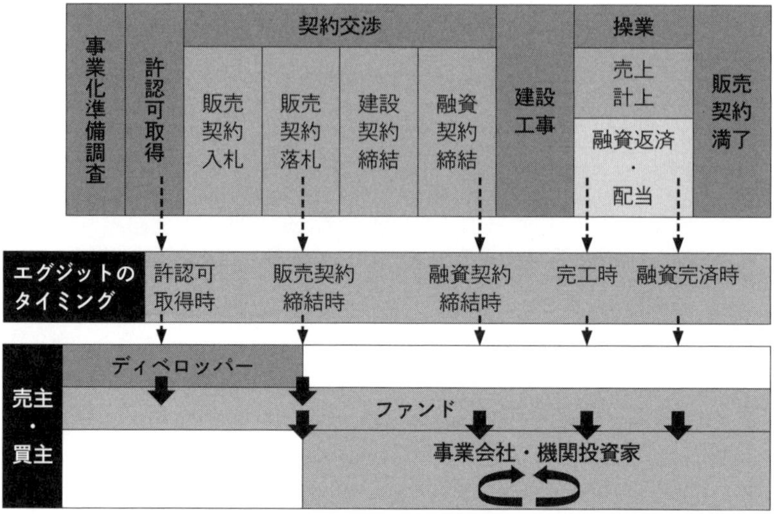

グリーンフィールドでの株式譲渡が行われやすいタイミングは許認可の取得時や販売契約の締結時です。先程、許認可を取得する、または販売契約を締結することで、インフラプロジェクトが成立する確率が高まり、株式価値が上昇することを説明しました。株式価値が上がれば株式譲渡のインセンティブに繋がります。この時点で株式譲渡の売主となるのは、ディベロッパーが多いと考えられます。なぜならディベロッパーの目的はインフラプロジェクトの開発であり、許認可の取得後や販売契約の締結後のインフラプロジェクトの建設や操業には基本的に関心がありません。許認可の取得時や販売契約の締結時がディベロッパーによる株式譲渡の潮時となるのです。

融資契約の締結時や完工時には、インフラプロジェクトのリスクが下がります。なぜなら融資契約を締結できれば、インフラプロジェクトの資金調達に目途が立ち建設に移行できますし、また完工すれば操業が始まり配当を得られます。このようなインフラプロジェクトのリスクが下がり、株式価値が上昇する時点を狙って株式譲渡が行われます。融資契約の締結時や完工時に株式譲渡の売主となるのはファンドである場合が多いと考えられます。高いリターンを求めるファンドは資金調達力があるため多額の投資資金を必要とするグリーンフィールド後半のリスクを好みます。この株式譲渡の相手方（買主）は、リスクが少なく配当利回りが低くとも安定したリターンを求める事業会社や機関投資家が多くなります。

ブラウンフィールドでは、融資を完済すれば銀行への元利返済がなくなるため配当性向が向上します。このため融資完済時にも株式譲渡が行われやすい傾向があります。ブラウンフィールドでの株式譲渡の売主となるのはファンドであり、買主となるのは事業会社や機関投資家であるか、事業会社・機関投資家同士で株式譲渡が行われる場合が多いと考えられます。

したがって、インフラプロジェクトに途中で出資参画するためには、インフラプロジェクトの進捗過程で株式譲渡が行われやすいタイミング（許認可の取得時や販売契約の締結時、融資契約の締結時や完工時、融資完済時）を意識した情報収集やマーケティングが肝要となります。

Ⅲ　インフラプロジェクトから売主が撤退する背景

ここまで、インフラプロジェクトの進捗ごとのリスクの変化が、株式譲渡にどのように影響しているかを説明しました。ここでは、売主自身が考える株式譲渡の背景を考えてみます。株主自身の事情による株式譲渡が、どのような背景から実施されるのかを考察することで、買主としての株式取得の狙い目を説明します。

1　エグジット検討の必要性

インフラプロジェクトの株主は、インフラプロジェクトからいつどのように撤退するかを常に検討しておく必要があります。「将来の撤退を、今決める必要があるのか」と感じるかもしれません。しかし、インフラプロジェクトは、陳腐化・老朽化が避けられませんので、将来必ずプロジェクトが停止し撤去する時期がやってきます。永続することを前提と考えるコーポレート（企業）とは違い、インフラプロジェクトには必ず「終わり」があるのです。停止・撤去するまでそのインフラプロジェクトの株式を保有するケースもあると思いますが、陳腐化・老朽化のためにインフラプロジェクトの経済性がなくなれば、株式保有を続ける合理性は失われ、いつかのタイミングで当該株式を売却する決断に迫られると考えられます。

このインフラプロジェクトからの撤退すなわち当該インフラプロジェクトの株式の売却による譲渡をエグジットといい、いつどのようにエグジットを行うかを、エグジットプランまたは出口戦略と呼びます。

エグジットはプロジェクト株式の譲渡ですから、株式売却額と当初投資額の差分利益であるキャピタルゲインを得て、「投資利益を確定させる手段」であると考えられます。したがって、インフラプロジェクトのM&Aの投資を検討するにあたり、将来の収益見込を確定させるためにいつどのようにエグジットするかを、投資を決断する前から考えておかねばならないのです。

このエグジットプランは、売主が当該株式の売却を企図する背景です。インフラプロジェクトの株式を取得しようとする買主の立場から考えれば、売主がどのような背景からインフラプロジェクトから撤退し株式を売却しようとしているのかを知ることは買主の株式取得の戦略上重要です。

2　エグジットの背景

インフラプロジェクトからエグジットする背景は、インフラプロジェクトが寿命を迎え、やむなく撤退するような受動的な背景である場合もありますが、一般的に能動的な目的がエグジットの背景にあります。図表2-11に示した5つがエグジットの主な理由と考えられます。

図表2-11　エグジットの背景

売主自身のエグジットの背景	(1) キャピタルゲイン
	(2) 投資の回収
	(3) 意義の達成
	(4) ポートフォリオの入れ替え
	(5) ファンドの償還

(1) キャピタルゲイン

このエグジットの背景は、エグジットによって大きなキャピタルゲインが得られる場合です。SECTION 3 Ⅰ 1 でインフラプロジェクトはその進捗に応じてリスクが低下し株式価値は上昇すると説明しました。これを売主側から見れば、株式価値が上昇すればキャピタルゲインの獲得が期待できるわけです。エグジットすることで大きなキャピタルゲインが得られるのであれば、エグジットを実施するインセンティブとなります。したがってSECTION 3 Ⅱ 2 で解説した通り、インフラプロジェクトのリスクが大きく下がる局面（許認可の取得時、販売契約の締結時、融資契約の締結時、完工時や融資完済時）が、このエグジットの背景となる場合が多いのです。

(2) 投資の回収

このエグジットの背景は、投資の回収が完了した場合です。投資の回収とは投資元本を配当金の累計額が上回ることです。配当金によって投資元本を回収したため、投資の目的は達成されたものとして、エグジットする場合です。

(3) 意義の達成

このエグジットの背景は、投資の意義が達成されたとする場合です。SECTION 2で述べた通り投資の決断時には投資収益の見込みに加え、投資の取り組み意義が求められます。例えば当該インフラプロジェクトへの投資を通じて、いままで経験のなかった建設や操業、運営などにかかるノウハウを取得できた場合に、取り組み意義が達成されたとして、エグジットします。

(4) ポートフォリオの入れ替え

このエグジットの背景は、ポートフォリオの入れ替えを目的とする場合です。投資分野でのポートフォリオとは、分散した投資の組み合わせのことをいいます。複数の卵を1つのかごに入れてしまうと、そのかごを落としたときにすべての卵が割れてしまいますが、卵を1つずつ違うかごに入れておけば、1つのかごを落としても、ほかの卵は無事です。このように投資においても、特定国や特定業種だけに偏った投資を行うと、想定外のカントリーリスクや市場変動があった場合、投資資産のほとんどを失ってしまうリスクがあります。それを避けるため、「さまざまな国やさまざまな業種にバランス良く分散して投資するべき」というのが、ポートフォリオの考え方です。

したがって、投資先に偏りがみられる場合には、その投資の一部をエグジットし、得られた資金でほかの国や違う業種の投資先に入れ替えます。また投資先に偏りがなくとも、ポートフォリオ全体の方向性を変えていく（例えばポートフォリオ全体の収益性を上げていく、またはポートフォリオ全体の運用期間を長期化するなどの）場合にもエグジットを行い、得られた資金で収益性の高い投資先または運用期間の長い投資先に入れ替えることで、その目的を達成します。

インフラプロジェクトの投資においても、このポートフォリオの考え方が使われてエグジットされます。

(5) ファンドの償還

このエグジットの背景は、ファンドの償還です。プライベートエクイティ（PE）ファンドは投資家からの集めた資金を運用していますが、投資家への償還期限がファンドに予め決められており、インフラプロジェクトへの投資もそのファンド償還期限前に必ずエグジットされます。

したがって、買主のスクリーニングにおいて、既存株主がエグジットを検討する段階にあるかを見極めて、そのエグジットのタイミングを意識した情報収集やマーケティングをすることが肝要となります。

3　エグジットの手法

次に、エグジットの手法について考えてみます。図表2-12に主なエグジットの手法を記しました。

図表 2-12　エグジットの手法

エグジットの手法	(1) 既存出資者への譲渡
	(2) 第三者への譲渡
	(3) 上場（IPO）

エグジットの手法は大きく分けて、3 種類あります。

(1) 既存出資者への譲渡

1点目の手法は、現在出資している共同出資者（パートナー）に保有株式を相対取引で譲渡する方法です。パートナーは当該インフラプロジェクトを熟知しているので、パートナーが株式の買い増しを希望していれば、自社保有株の譲渡が比較的スムーズにできるでしょう。

(2) 第三者への譲渡

2点目の手法は、第三者への譲渡です。第三者への譲渡では、第3章、第4章で述べられる手続きを経て、エグジットします。

(3) 上場（IPO）

そして、3点目の手法は、新規株式公開（IPO：Initial Public Offering）でエグジットするものです。IPOとは株式を株式市場に公開し、一般の投資家による売買を可能にすること（同時に新たな資金調達を行うことが通例）です。インフラプロジェクトは通常非上場株ですので、上場基準を満たして上場審査をクリアする必要があります。

インフラプロジェクトのM&Aは、基本的に（2）第三者への譲渡によるエグジット手法で行われます。

本書では、第三者への譲渡という売主のエグジットの手法で、買主がインフラプロジェクトの株式を取得する手続きについて解説を行います。

SECTION 4

出資参画の手法

SECTION 4では、第一段階での投資評価（スクリーニング）の投資評価基準の一つである、「取り組み意義」にインフラプロジェクトの買収候補を合致させるための切り口およびその留意点を出資参画の手法の観点から説明します。

1 「取り組み意義」を実現するために

グリーンフィールド後半とブラウンフィールドのプロジェクトのM&Aは、既存の出資者によって開発や操業が行われてきたプロジェクトの進捗の途上で出資参画するわけですから、買収の対象となるプロジェクトは、買主の希望通りの条件で参画できるとは限りません。したがって収益性や投資期間、リスクリターンなどのM&Aの投資評価基準の定量的要素と定性的要素が買主の期待する水準に適合した案件を選別するだけでなく、取り組み意義も実現できるものとすることが必要です。

プロジェクトの進捗途上での参画となるため限度はありますが、買主の思い描く取り組み意義を対象会社で発揮できるようにするためには、対象会社の中で経営権を握ることが必要です。経営権を持てなくても、対象会社の株主の役割を買主の希望する役割とすることで取り組み意義を発揮できます。取り組み意義を発揮するには株式の取得にあたりどのような出資参画の手法を取ればよいでしょうか。

2 経営権の掌握

図表2-13を見てください。買収先であるインフラプロジェクトの対象会社はジョイントベンチャー形式である場合が多く、会社の運営方法を定める株主

間契約が締結されます。株主間契約は会社法の規定にとらわれることなく合意さえすれば自由に内容を定めることができるため、柔軟性の高い会社運営が行えます。株主間契約では持株比率に応じた取締役の派遣者数や、株主総会と取締役会の決議事項とその決議要件（全会一致、過半数など）が独自に定められるため、参画後の持株比率次第で、株主総会や取締役会の決議事項を自社単独で議決することが可能となります。過半の議決権を持てば、一般的には経営権を握れますが、インフラプロジェクトの場合、少数の固定された株主であることが多く、基本的に少数株主のコンセンサスを得て運営されますので、各株主の意向を勘案した株主間契約の木目細かい設計が必要となります。

図表 2-13　株主総会・取締役会

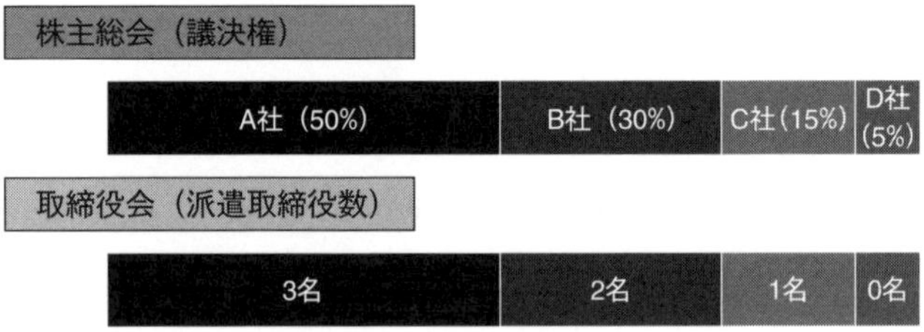

① 株主総会・取締役会での決議事項を何にするか
② 株主総会、取締役会での決議要件（全会一致、過半数）

さらに株主間契約では各株主の役割（建設・運転・燃料調達・技術・資金調達など）を定めることが多く、その株主の役割に応じて対象会社の社長や部長、課長などのポジションに自社の指名者を派遣することが可能となります（図表2-14)。したがって経営権を握らなくても株主の役割や派遣者のポジションを通じて取り組み意義を実現できることがあります。

M&Aによってプロジェクトに中途参画する場合、自社の「取り組み意義」が実現できるかどうかは、持株比率による議決権や派遣取締役数だけでなく、各会議体の決議事項や決議要件次第で決まりますし、株主の役割や対象会社の役職をどのように取るかに拠っても変わることがわかります。

以下、出資参画の手法を工夫することで、取り組み意義が発揮できることを具体的に説明していきます。

図表 2-14　株主の役割・派遣ポジション

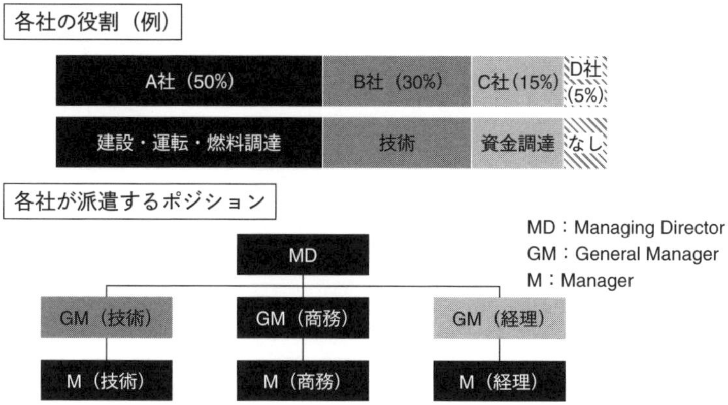

I　全部譲渡と一部譲渡

買主が取得する対象会社の持株比率の多寡に応じて、どのように経営権を握れるかについて説明します。

インフラプロジェクトのM&Aにおける株式の譲渡は、全株式の譲渡である場合と、一部の株式の譲渡である場合があります。ここでは、株式の譲渡においてどのようなパターンがあるのか、また各パターンでの考慮すべき点を解説します。

1　全部譲渡

(1) 全部譲渡のパターン

現在出資している全株主が撤退し、全株式が譲渡される場合を考えます。

買収後に対象会社の経営権を得るためには全部譲渡のうち、最低でも50％超の株式を取得することが必要となります。また対象会社の経営権を「完全に」得るためには全部譲渡によって100％の株式を取得が必須となります。

全部譲渡の例として図表2-15に示すパターンが考えられます。

まず、図表2-15①の例は、既存株主Aが現在すべての株式を保有しており、その全株式を新株主Bの1社に譲渡する場合です。

次に、図表2-15②の例は、既存株主Aが現在すべての株式を保有しており、その全株式を新株主C、新株主D、新株主Eの3社に譲渡する場合です。

さらに、図表2-15③の例は、既存株主が株主A、株主F、株主Gの3社であって、その3社が同時に撤退し、新株主Hの1社に株式を譲渡する場合です。

(2) 全株式を保有する1社が1社に譲渡

図表2-15①の例では、株主が1対1ですべて入れ替わる形となりますので、完全に経営権を得ることができます。ただし対象会社のインフラプロジェクト

図表 2-15　全部譲渡の例

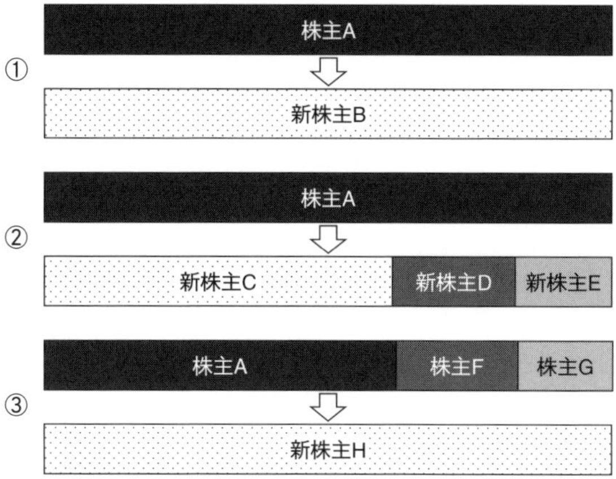

の業務を執行する側の社員や操業・メンテナンスを請け負う企業を変更せずに、買収後も従前どおりに操業することを優先すべきでしょう。インフラプロジェクトは日々稼働していますから、操業の安定を最優先にして、その後に各種施策に取り組むべきと考えます。

(3) 全株式を保有する1社が3社に譲渡

図表2-15②の例では、①と同様に株主がすべて入れ替わるため、安定操業を優先させる点は一緒ですが、①と異なるのは新株主が複数となるため、買収後の各種施策は3社の新株主が締結する株主間契約で策定する必要があることです。買主がインフラプロジェクトを主導的に運営する場合は、最も大きい持株比率を持つ新株主Cになり、議決権の過半を握り過半数の取締役の派遣し、主導的な役割（例えば建設や運転など）や社内主要ポストを獲得する必要があります。

(4) 全株式を保有する3社が1社に譲渡

図表2-15③の例では、既存株主である株主A、株主F、株主Gの3社が同時に撤退し、H社1社が新株主となる例です。この場合も①と同様に完全に経営

権を握れますが、株主がすべて入れ替わるため、安定操業を優先させます。

図表2-15③の例はたまたま3社が同時に撤退するのではなく、対象会社の株主間契約で予め定められた契約条件（後述（5）の共同売却権または強制売却権）によって同時に撤退するものと考えられます。株主F、株主Gは少数株主ですが、過半数の持株比率を持つ株主Aと同時に撤退した方が株式譲渡価格が高くなり有利だからです。もし株主Aだけが撤退したあとになって、株主Fや株主Gが同時に撤退しようとしても、議決権の過半を持たない少数株主相当の売却となり、経営権のない株式の買主を見つけるのは難しい上、売却できたとしても株式譲渡価格が低くなる可能性があります（これを「マイノリティ・ディスカウント」と呼びます）。逆に株式譲受者が当該株式取得によって会社の議決権の過半を確保し経営権を持てる場合、支配価値の獲得に着目して株式譲渡価格に上乗せされる価格を「コントロール・プレミアム」と呼びます。

(5) 共同売却権（Tag along）と強制売却権（Drag along）

話を元に戻しますと、図表2-15③で株式の過半数を持つ株主Aが、第三者（ここでは新株主H）に株式を譲渡しようとする際に、少数株主である株主F、株主Gが、自分たちだけが取り残されたくないと考え、株主F、株主Gの株式も株主Aと同条件で保有株式を買い取るよう、第三者の買主（新株主H）に請求できる「権利」を共同売却権（Tag along）と呼びます。

一方、株主Aが第三者（ここでは新株主H）に株式を譲渡しようとする際に、少数株主である株主F、株主Gが保有株式を新株主Hに売却する「義務」を負い、新株主Hが強制的に全株式の買い取りができることを強制売却権（Drag along）と呼びます。

Tag alongやDrag alongは株主間契約に規定されます。Tag alongは少数株主の権利、Drag alongは少数株主の義務になります。Tag alongは少数株主の保護、Drag alongは大株主の保護を目的としており、どちらも両者にとって株式を売却しやすくするための株主間の利害調整項目です。

したがって、対象会社の株主間契約で共同売却権または強制売却権の定めがあることが分かれば、100 %の持株比率を取得できる可能性が高まります。

2　一部譲渡

(1) 一部譲渡のパターン

次に、現在出資している複数の株主のうち、ある株主が自身の株式だけを売却し、そのほかの株主は引き続き残る場合を考えてみます。一部譲渡の例として図表 2-16 に示すパターンが考えられます。

一部譲渡であっても過半数の株式を保有する売主からの譲渡がなされれば、対象会社の経営権を得ることができます。しかし完全に経営権を得たい場合は既存株主からの買い増しが必要です。また少数株主からの譲渡であれば対象会社の経営権を持てないため、経営権を得るために買収後に対象会社の既存株主から買い増しを狙うことになります。

まず、図表 2-16 ①の例は、既存株主 A が現在過半の株式を保有しており、その全株式を新株主 D の 1 社に譲渡する場合です。新株主 D が過半の株式を保有

図表 2-16　一部譲渡の例

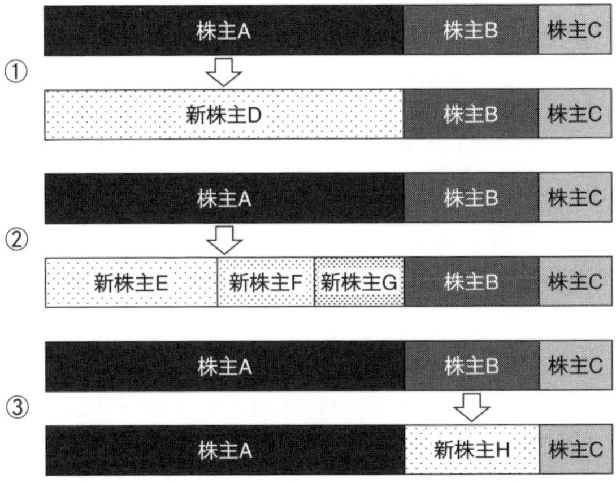

し、既存少数株主の株主B、株主Cはそのまま残ります。

次に、図表2-16②の例は、既存株主Aが現在過半の株式を保有しており、その全株式を新株主E、新株主F、新株主Gの3社に譲渡する場合です。どの新株主も株式の過半数を保有せず、既存少数株主の株主B、株主Cはそのまま残ります。

最後に、図表2-16③の例は、既存株主が株主A、株主B、株主Cの3社であって、そのうち少数株主である株主Bの保有株を新株主Hに譲渡する場合です。株式の過半を持つ既存株主A、既存少数株主の株主Cはそのまま残ります。

(2) 過半の株式を保有する株主がそのすべてを1社に譲渡

図表2-16①の例では、過半を占める株主が株主Aから新株主Dに交代しますので、少数株主の株主Bや株主Cは、新株主Dの参画によってインフラプロジェクトの運営に大きな変更が起こることを危惧します。このように他の株主の撤退に備えて、先買権（ROFR：Right of First Refusal）、先売権（ROFO：Right of First Offer）を株主間契約に規定することがあります。

ROFRとは、株主Aが保有株を第三者（ここでは新株主D）に譲渡しようとするときに、その第三者との間で株式譲渡価格などの譲渡条件が固まった後に、株主Aが既存株主の株主B、株主Cに対して、その譲渡条件と同じ条件で保有株の売却の提案をする義務を負うものです。株主B、株主Cがこの提案を拒否した場合は、株主Aは新株主Dとの譲渡条件で当該株式を売却できます。

一方、ROFOは、株主Aが保有株を第三者（ここでは新株主D）に譲渡しようとするときに、まず既存株主の株主Bおよび株主Cが株主Aに対して株主Aの保有株の買い取りを提案する権利を得ます。株主Aと株主B・Cとの間で株式譲渡の交渉がまとまらなかった場合、株主Aは株主B・Cからの提案を上回る価格で第三者（新株主D）へ株式を譲渡できます。

なおROFR、ROFOとも、株式を譲渡しようとする株主は、過半を占める株主（ここでは株主A）でなくとも、少数株主の株主Bや株主Cが譲渡しようとする場合であっても適用可能です。またROFR、ROFOは両立しませんので、株主間契約にはいずれかが規定されます。将来株式を売却する予定の株主であればROFOが有利であり、将来株式を購入する予定の株主であればROFRが有利となります。

もし対象会社に一部参画し、対象会社の経営権を得るために、買収後既存株主から株式の買い増しを（新株主Dとして）行う場合を考えてみます。

ROFRが定められていれば、既存株主B、既存株主Cは買主である新株主Dの購入価格を承知しているため、既存株主B、既存株主Cからの株式買い増しには購入価格の引き上げが必要となるでしょう。

ROFOが定められていれば、既存株主B、株主Cの提案価格は買主である新株主Dの購入価格よりも安価であったと考えられるため、既存株主B、既存株主Cからの株式買い増しは株主Aからの購入価格より場合によっては安価に購入できるかもしれません。

(3) 過半の株式を保有する株主がそのすべてを3社に譲渡

次に、図表2–16②の例では、過半を占めていた株主Aの株式を譲り受けた新株主E、新株主F、新株主Gがいずれも少数株主となる場合です。既存株主の株主B、株主Cも少数株主のため、譲渡後はどの株主がインフラプロジェクトを主体的に運営するかが課題となります。既存株主の株主B、株主Cを含めて、新たな株主間で株主間契約を締結し役割分担を定める必要があります。その際持株比率が過半を超えなくとも株主の中で持株比率が最大となり主要かつ重要な役割を取れれば実質的に経営権を握れます。

(4) 少数株主が保有する株式を譲渡

最後に、図表2–16③の例では、少数株主であった株主Bが新株主Hに入れ替わるものです。この場合インフラプロジェクトの運営に大きな変化はないと予想されます。このケースで参画する場合は経営権を握れませんが、株主Bの役割を引き継ぎますので、その役割が自社の「取り組み意義」に合致していれば問題ないでしょう。

Ⅱ　入札と相対取引

一般的なインフラプロジェクトのM&Aの手続きは、入札または相対取引という手法で行われますが、それらのメリット・デメリットを説明します。

1　入札とは

インフラプロジェクトのM&Aは、通常は入札による手続きによって実施されます。入札とは、株式の買収を希望する複数の者が、公平性のあるプロセスを経て買収条件を売主に提出し、その結果最も条件の良い買収内容や買収価格の提示を行った者が落札する仕組みです。この入札による手続きは競争入札とも呼ばれます。一方、入札手続きによらず、売主が独自に決定した特定の相手と相対で交渉し契約することを相対取引といいます。

入札手続きは売主にとってメリットの大きい取引手法です。売主は複数の買主と一度に交渉でき、買主を競わせることにより、株式譲渡価格や売買条件を売主有利にすることが可能です。また売却スケジュールを立てやすいという利点もあります。デメリットは、売却対象会社の秘密情報をすべての買主候補に開示しなければならないことです。もちろん、買主候補と秘密保持契約書を締

図表2-17　入札手続きにおけるメリット・デメリット

	売主	買主
メリット	・選択の自由度が高く売主有利 ・競争原理が働き好条件となる ・公平性を担保できる ・ステークホルダーへの説明が容易 ・売却スケジュールを立てやすい	・他の買主候補者と平等なプロセスで選考される ・売主の情報を入手でき、他の売却案件との比較が可能
デメリット	・秘密情報の漏洩可能性 ・入札手続きが煩雑 ・デューデリジェンスへの質問対応が大変	・入札手続きからの逸脱は許されない ・基本的に個別に交渉できないため、買収条件を変えられない

結しますが、情報漏洩のリスクは残ります。また1回目の入札が不成立であった場合、2回目の入札では対象会社の情報が出回っているため、入札者が集まらず入札が再び不調に終わる可能性があります。また買主候補者が多い場合は、情報の開示や買主候補者からの質問への対応などが煩雑になります。

買主側のメリットは、他の買主候補と平等のプロセスで選考が行われる点や、対象会社の秘密情報を入手でき他の案件との比較ができる点です。一方、入札手続きを逸脱して売主と個別に交渉できない点はデメリットになります。

海外でのM&Aの入札手続きは、我が国において国や公的機関が行う売買・請負契約の「競争入札」手続きと基本的に同じですが、海外と国内との入札手続きの大きな違いは、海外の方がより厳密さが求められる点です。これは欧米では株式譲渡に関する訴訟のリスクが大きいという背景があると考えられます。したがって、海外M&Aでは入札から株式譲渡契約締結まで、膨大な量の資料や契約書を用いて厳格に手続きが進められます。

本書の第3章、第4章では入札手続きによるインフラプロジェクトのM&Aの手法を解説します。

2　相対取引

入札ではない取引手法は相対取引です。相対取引の売主・買主双方のメリットは、当事者同士で直接かつ個別に交渉するので、株式譲渡価格や取引条件を自由に決定できる点です。一方、株式譲渡までの期限をしっかり設けないケースが多いので、交渉の時間がかかりやすいというデメリットがあります。もし買主が売主から独占交渉権（これをExclusivityと呼びます）を得られれば、ほかの買主と競合関係になりませんので、デューデリジェンスのコストが無駄になるリスクを少なくすることが可能となるメリットがあります。なお、入札手続きが始まった取引を、買主の希望で相対取引に変更することは困難です。

相対取引は売主・買主の当事者同士で直接かつ個別に交渉する以外は、入札と異なる点は少なく、入札と同様に情報開示から株式譲渡契約締結まで、膨大

図表 2-18　相対取引におけるメリット・デメリット

	売主	買主
メリット	・直接交渉できるので、株式譲渡価格や取引条件を自由に決定できる ・情報漏洩のリスクが少ない	・直接交渉できるので、株式譲渡価格や取引条件を自由に決定できる ・独占交渉権を得られれば、デューデリジェンスのコストが無駄になるリスクを少なくすることが可能
デメリット	・売却スケジュールが読みにくい	・売却スケジュールが読みにくい

な量の資料や契約書を用いて厳格に手続きが進められます。

インフラプロジェクトのM&Aにおいて、個別交渉ができる相対取引の方が自社の「取り組み意義」を発揮できるチャンスが大きいと考えられます。

Ⅲ　単独応札とコンソーシアムによる応札

入札では自社1社が単独で応札（入札に参加すること）する場合と、他社と組んで複数社が一体となり同条件で応札する場合があります。複数社で応札することをコンソーシアムによる応札と呼びます。両者のメリット・デメリットを比較します。

コンソーシアムによる応札のメリットは、他社と組むことで、1社当たりの拠出する投資額を抑えられることから、リスクを減らすことができるほか、コンソーシアムの中で株主の役割分担ができることなどが考えられます。また自社として経験の少ない事業の投資であっても経験豊富な企業とコンソーシアムを組むことで、落札の可能性が高まるというメリットも考えられます。

デメリットは、コンソーシアム内の意思決定に時間と労力を要することや、コンソーシアム内の各社のハードルレート（投資に最低限必要となる利回り）が大きく異なる場合、入札価格の調整が困難になることが考えられます。またコンソーシアム内での自社の出資比率が小さい場合や投資事業に対する知見が少ない場合は、コンソーシアム内で自社の主張を通すことが難しいこともあります。

図表2-19　単独応札とコンソーシアムによる応札

	単独応札	コンソーシアムによる応札
メリット	・自社の方針で進められる	・1社あたりの投資額、負担リスクを抑えることができる ・コンソーシアム内の役割分担が可能 ・投資対象が経験の少ない分野であっても、経験豊富なコンソーシアムメンバーによってカバーされる
デメリット	・1社が負担する投資額、リスクが大きくなる	・コンソーシアムの意思決定に時間と労力を要する ・他社の判断基準(含むハードルレート)と擦り合わせる必要がある ・コンソーシアム内で必ずしも自社の意見が採用されない可能性がある

図表 2-19 は、上記観点を整理したものです。本書では第 3 章、第 4 章で単独応札によるインフラプロジェクトの M&A の手続きを解説します。

単独応札であってもコンソーシアムによる応札であっても自社の「取り組み意義」を発揮できます。どちらの応札が自社の「取り組み意義」の実現に有利かを判断すべきです。

SECTION 5

取り組み意義を満たす案件の発掘

ここまで、インフラプロジェクトM&Aの目的を達成し、M&Aを成功させるための留意点について解説を行いました。

買収候補のスクリーニングにおいては、収益性の良し悪しといった投資評価基準の収益性などの定量的要素や、リスクの有無という定性的要素だけを案件発掘の選別・評価基準とせず、自社の「事業戦略との整合」がとれた取り組み意義のある案件を探すことにもプライオリティを置くべきです。

買収候補案件の発掘においては、個々の案件進捗段階や株式譲渡の可能性を踏まえた情報収集やマーケティングに心掛けることで、投資評価基準の定量的要素と定性的要素を満たす買収候補が選別できるようになります。

また出資参画手法を工夫することで経営権を握り「取り組み意義」を実現できるようになります。そのためには、SECTION 3、4で述べた、

・グリーンフィールドやブラウンフィールドのどの段階の案件に参画するか
・リスクリターンはどのレベルを目標とするか
・売主がエグジットするどのタイミングを狙うか
・持株比率や派遣取締役数をいくらとし、経営権を掌握するか否か
・株主の役割や対象会社の派遣者のポジションをどのように取るか
・入札か相対取引のどちらか有利か
・単独応札かコンソーシアムによる応札のどちらを選択するか

などを切り口にして、多角的な視点からアプローチをしていく必要があると考えます。

投資評価基準の「取り組み意義」が実現でき、定量的要素と定性的要素を満たす案件を選別できれば、そのあとは買収対象会社の価値およびリスクを査定するデューデリジェンスのステップとなります。デューデリジェンスはM&Aを成功させるための最終的な投資評価過程です。デューデリジェンスの留意点

は第3章と第4章で解説を行います。

COLUMN　ハードルレートの考え方

ハードルレートとは、インフラプロジェクトのキャッシュフローから算出される内部収益率の評価を行うための社内基準レート（物差し）です。

プロジェクトの内部収益率はそのリスクに見合ったリターンとなっているかという検証が必要です。その判断基準となるのがハードルレートで、株主として期待する当該投資の最低水準の利回りをいいます。

いくら良好なM&A案件を探し出せても、その内部収益率がハードルレートを上回らなければ、当該M&A案件は棄却されます。案件開発担当者は何とかハードルレートを上回るよう腐心することになります。

ハードルレートの考え方は株主となる企業が独自に決定するものです。その考え方は大きくわけてWACC（Weighted Average Cost of Capital：加重平均資本コスト）を基準とする場合とCAPM（Capital Asset Pricing Model：資本資産価格モデル）の株主資本コストとする場合があります（図表2-20参照）。

WACCは株主企業の資金調達コストに等しいため、プロジェクトの内部収益率はWACCに「一定利率を調整した」利回りを上回る必要があります。ハードルレートはこのWACCに「一定利率を調整した」利回りになります。この「一定利率」は投資対象インフラプロジェクトのリスクに見合ったものとする必要がありますが、決まったルールはなく各社独自のロジックでハードルレートを策定しています。

CAPMは株主資本コストですので、WACCを基準とするハードルレートに必要な「一定利率」部分はありません。しかしCAPMの構成要素であるマーケットリスクプレミアム（リスクを負うことによって得られるリスクフリーレートに対する超過リターンの期待値）と、β値（株式市場全体の値動きに対する個別銘柄の株価の動きの相関関係を示す指標）は上場企業の実績値から推定する必要がありますが、インフラプロジェクトはほとんどが非上場企業であるため、CAPMの適用に無理が生じることは否めません。

インフラプロジェクトのリスクに見合うハードルレートをどのように定式化するかは、哲学論争に繋がるような奥が深いものです。

個人的意見ですが、個々のインフラプロジェクトの負う様々なリスクを「唯一の定規」で合理的かつ公平に測ることは困難であるため、当該インフラプロジェクトのリスクの種類に応じて、ケース分けした基準でハードルレートを設定することが望ましいと考えます。ただしハードルレートの種類を増やし過ぎると、個々のハードルレートの間での整合性が取れなくなることに注意します。

図表2-20

・ハードルレート＝WACC＋α（＝市場の期待する利率などの努力目標）
または、
・ハードルレート＝株主資本コスト

加重平均資本コスト

WACC（Weighted Average Cost of Capital）
負債や資本を含めた、
企業の総合的な資金調達コスト

$$WACC = [rE \times E/(D+E)] + [rD \times (1-T) \times D/(D+E)]$$

rE＝株主資本コスト
rD＝負債コスト
D＝有利子負債額
E＝株主資本額（時価）
T＝実効税率

資本資産価格モデル

CAPM（Capital Asset Pricing Model）
株式投資期待収益率

$$rE = rf + \beta(rM - rf)$$

rE：株主資本コスト
rf：リスクフリー・レート
β：株式のβ値
市場全体の変動に対する株式の期待リターンの感応度
rM－rf：マーケットリスク・プレミアム

第3章

M&Aにおける入札プロセス

SECTION 1

タッピングとティーザー

第3章では、インフラプロジェクトのM&Aにおける入札プロセスについて解説します。ここでは、売主が対象会社の株式売却のために市場へのアプローチを開始するところから、売主と買主が株式譲渡契約を締結し、株式譲渡を完了するまでの流れを説明します。

M&Aにおける入札手続きは、例えば急いで売却したいという売主側の希望があるものの、買主側がそのスピードに付いていけるかを加味する必要があるなど、案件ごとにプロセスや時間軸が決められるため、すべての入札が全く同じように進められるわけではありませんが、おおよその流れは共通ですので、それぞれのプロセスのポイントを押さえておきましょう。

1　入札プロセスの全体像

図表3-1は入札プロセスの全体像を示しています。本書では、買主側から見た入札について、以下の流れを基本にそれぞれのポイントを解説します。

入札は、まずタッピング（Tapping：買主候補に対しその興味度合いを探る初期的アプローチ）と呼ばれる売主のマーケティング活動を通じて、売主が買主候補へコンタクトするところから始まります。売主のインフラプロジェクトに興味を持った買主候補は、売主から対象会社の資料の開示を受けるために、秘密保持契約（NDA：Non-Disclosure Agreement）を売主と締結します。

その締結後、買主候補は案件概要書であるインフォメーションメモランダムと、入札プロセスが示されたプロセスレターを受領します。プロセスレターでは、入札の全体スケジュールなどが記されるとともに、買主候補に対して対象会社の株式評価の提示が求められます。

買主候補はその株式評価を行うため簡易デューデリジェンスを実施し、評価

図表3-1　入札プロセスの全体像

入札プロセス
タッピング（ティーザーの配布）
秘密保持契約の締結
インフォメーションメモランダムの開示 プロセスレターの開示
簡易デューデリジェンス
NBO（Non-Binding Offer）の提示
本格デューデリジェンス マネージメントプレゼンテーション、サイトビジット
BO（Binding Offer）の提示
株式譲渡契約の締結
クロージング手続き

フロー

結果をNBO（Non-Binding Offer）という法的な義務を負わないことを前提とする買収提案書にまとめ、売主に提示します。複数の買主候補からNBOを受け取った売主はNBOを評価し、買主候補を高い評価を得た数社に絞り、次のステップに進ませます。

次のステップでは売主から対象会社に関する詳細情報が開示され、買主候補はその情報をもとにさらに詳しい対象会社株式の評価作業（本格デューデリジェンス）を行います。本格デューデリジェンス期間中には、対象会社の経営陣と直接面談し質疑を行うマネージメントプレゼンテーションや、対象会社のプロジェクトを視察するサイトビジットの機会が設けられることがあります。

本格デューデリジェンスを踏まえて、買主候補は対象会社の株式買収について法的な拘束力を有する買収提案書（BO：Binding Offer）を提示し、売主と合意できれば、対象会社の株式譲渡を定める株式譲渡契約（SPA：Share Purchase Agreement）を締結します。SPAに基づいて譲渡対価の支払と株式移転を完了することをクロージング（Closing）と呼び、クロージングを終えるとM&Aが無事完了したことになります。

かなり多くの手順があることがおわかりになるかと思いますが、インフラプロジェクトのM&Aでは最初のタッピングから最後のクロージングまでは半年から1年程度を要すると考えておくとよいでしょう。

2　売主によるタッピングとティーザー配布

対象会社の株式の売却を検討している売主が入札手続きを行う場合、複数の売却候補がいることが前提となります。そのため売主は対象会社のM&Aに関心のある会社を多数ピックアップしなければなりません。その候補に目星をつけて、興味や関心の度合いを探るべく行われる初期的なアプローチがタッピングです。

インフラプロジェクトの取得に関心がある会社はどこかと考えたときに、インフラ事業を営む会社はもちろんのこと、商社やファンドも候補となるでしょうし、保険会社やリース会社なども興味を持つプレイヤーかもしれません。再生可能エネルギー発電のインフラプロジェクトでは、CO_2フリーのグリーン電力を調達したい会社が関心を持つ可能性もあります。またクロスボーダー取引が当たり前となった現代では、インフラプロジェクトの所在国だけでなく世界中のプレイヤーにも目を向ける必要があり、無数の候補がいることが分かると思います。

それらの会社すべてにアプローチすることは現実的ではありません。そこで売主は、次の基準を踏まえて買主候補の絞り込みを行います。その基準は①買主候補各社が投資先や事業拡大にあたってターゲットとしている事業分野（電力、ガス、水、鉄道、港湾、空港など）はどこか、②買主候補各社の考える投資対象国・エリアはどこか、そして③買主候補各社の財務規模に比べて売却するインフラプロジェクト規模が過大あるいは過小ではないか、です。

この絞り込み作業は、金融機関やアドバイザリー会社などのフィナンシャルアドバイザー（FA：Financial Advisor）を雇用して助言を受けることが多いです。FAは普段から様々な会社とコミュニケーションを取り、買主候補各社の事業戦略や投資の規模感などを把握しているからです。

この絞り込みを経て、売主が様々な買主候補へアプローチをかけ、ティーザー（Teaser）を買主候補に配布します。ティーザーは、表層的な情報を用いて売却対象となる対象会社について簡単にまとめられた資料で、おおよそどんなインフラプロジェクトであるかを示す内容となっています。ティーザーは数多くの企業の手に渡るものであるため、情報漏洩リスクを考慮して簡潔な内容で作成されますが、M&Aへの関心が高まるよう「長期の収入保証がある」「最新鋭の設備を導入しており収益率が高い」など、対象会社の魅力をアピールする内容となっています。マーケティングの世界のティーザー広告と同じ趣旨のものと考えてもらえればわかりやすいかと思います。ティーザーから得られる情報は限定的ではありますが、買主側がその事業戦略上、投資の意義が見出せるものと評価すれば、次のステップへ進むこととなります。

SECTION 2

秘密保持契約

売主からのタッピングやティーザーの内容を受けて、買主が売主のインフラプロジェクトの取得に関心を抱き、さらなる詳細情報を入手したい場合には、売主と秘密保持契約（NDA：Non-Disclosure Agreement）を締結します。

1　NDAの目的

M&Aに限らずあらゆる商務取引において、売主と買主双方が取引条件を妥当であると評価していることが取引成立の前提条件となります。しかしながら、取引対象会社が非上場の会社ですと、市場価値もわかりませんし、公開情報も数限られており、対象会社の評価は困難です。そこで、買主は対象会社の評価およびそのM&Aの検討を目的に、売主に対して対象会社に関する情報開示を求めます。

逆に言えば、売主は買主が対象会社を評価し買収するに足ると判断できるだけの情報を開示する必要があります。その開示資料となる対象会社の登記情報、財務情報、許認可取得履歴、主要契約書、事業計画・事業見通しなどには、通常第三者が知り得ない企業秘密が含まれます。その企業秘密が外部に漏れれば売主の大きな損害に繋がる可能性があることから、買主による秘密情報の管理を徹底させる必要があります。そのために買主と売主間でNDAを締結し、買主にそれら秘密情報を第三者に開示・漏洩しないように努める義務を課します。

また、秘密保持義務の対象は、売主から開示された秘密情報のみならず、対象会社M&Aの検討・協議の事実も含みます。特に対象会社がインフラプロジェクトであると、ステークホルダーが多く、規模も小さくないことから、売却が検討されているという事実が公になることで、売却活動を中止されることもありますので、注意が必要です。買主は守秘義務の範囲はどこまでであるかを確認したうえでNDAを締結し、定められた義務を遵守できる情報管理体制を構築することが重要になります。

2　やむを得ない第三者への情報開示

NDAを締結する際には、基本的に売主から受領した情報は開示しないことを前提にしますが、やむを得ず秘密情報を第三者に開示する必要に迫られる場合があります。そのような場合、第三者への情報開示が禁じられないように売主とNDAの調整を進めていかなければなりません。第三者への開示が必要となるケースとしては、以下が想定されます。

①　行政機関などからの要請、法の執行に基づく開示

②　アドバイザーや業務委託先への開示

③　潜在的な共同買収者や融資を依頼する銀行への開示

まず、①は警察や税務署などの行政機関による調査対応や裁判所からの情報開示請求などにより、売主から受領した秘密情報の開示を求められた場合です。このような公権力の行使による情報開示請求は法律に定められた手続きであるため、秘密保持の例外とします。また買収候補先が上場会社の場合は、証券取引所から同様の要請が為されることもありますので、そちらも第三者への開示禁止の例外として規定しておく必要があります。

②については、対象会社の評価やM&Aそのものを進めていく上で必要となるものです。M&Aは短期間に非常に多くの情報を精査し、対象会社の価値とリスクを評価しますので、これを買主自身で実行することは困難を極めます。M&Aの買主側の助言業務を担うFAや、各専門分野の業務委託先（アドバイザー）を起用し、第4章で解説するデューデリジェンスという調査を進めることになるため、これらのアドバイザーと買主との間でNDAを締結し、アドバイザーに対して秘密情報を開示することを開示禁止の例外とします。

③はM&Aの戦略に関わるものです。例えば、売却対象会社の規模が大きく、自社単独の資金力ではM&Aが困難な場合、他社との共同買収や銀行融資など

による買収資金調達が検討されます。その場合、他社や銀行も対象会社を評価しなければならないため、他社や銀行から秘密情報を含めた案件情報の提供を求められることがあります。このような場合、買収側からすれば他社や銀行とは共同体であるという意識が働くかもしれませんが、NDA の契約当事者は売主と買主であるので、第三者への情報開示が必要な場面となります。

NDA の契約書素案は入札案件において基本的に売主が用意します。ここで例示した 3 つのケースは、情報開示禁止の例外として一般的なものですが、買主は通常の会社運営上や本件 M&A を進める上で、秘密情報の第三者への開示が必要となる行為がこの情報開示の例外条項に含まれているかよくチェックしなければなりません。NDA のそのほかの主要項目は図 3–2 の通りです。

図表 3–2　NDA の主要項目

NDA 主要項目	内容
秘密情報の定義	秘密保持契約の対象となる秘密情報の定義
秘密情報の目的外使用の禁止	株式譲渡取引における株式評価額の算定や株式売買の検討のためのみに秘密情報を使用すること
やむを得ない第三者への情報開示	上記 2 参照
秘密情報の所有権	秘密情報は売主の独占的な所有物であり、秘密保持契約で定められた秘密上の開示に関して、買主は何らの権利はない
表明保証	売主は秘密情報の正確性・完全性について、表明保証は行わず、秘密情報の利用に伴う賠償責任を負わない
秘密情報の返還・破棄	売主の要求により、買主は秘密情報を返還または破棄すること
株式譲渡取引との関係	秘密保持契約は株式譲渡取引の交渉を約束するものではない
救済手段	買主による契約違反は金銭補償では賄えないことから、差し止め請求を救済手段とする
契約期間	秘密情報を返還・破棄しても残る秘密保持義務期間
一般条項	英文契約書で通常用いられる一般条項

SECTION 3

インフォメーションメモランダム

売主との間でNDAを締結すると、売主からインフォメーションメモランダム（IM：Information Memorandum）という案件概要書が開示されます。秘密情報を含む内容が網羅されているため、コンフィデンシャルインフォメーションメモランダム（CIM：Confidential Information Memorandum）とも称されます。IMに決まった様式はありませんが、対象会社の事業の成り立ち、現状と今後の見通しが分かるような内容が記載されています。

1　ティーザーとIMの違い

買主はIMを受領する以前にティーザーで案件の概要を認知していますが、IMの情報量はティーザーよりも格段に多くなります。ティーザーとIMのそれぞれで記載されている内容の違いを図表3-3に示します。

ティーザーでは案件に関する表層的・断片的な情報しか示されないのに対し、IMは秘密情報を含めた具体的情報が記載されており、対象会社の事業構造やビジネススキームを理解できる内容となっています。また、ティーザーがスライド数枚程度であるのに対し、IMは資料が数十ページ以上となることもあり、ティーザーとIMとでは情報量の差は大きいといえます。

2　IMをどう利用するか

IMを分析することで対象会社の全体像をつかむことができますし、対象会社がどのように収益を上げてきたか、将来どのように運営されて価値を生み出すのかという点が理解できます。そのため買主にとってIMは売却対象会社を評価するために非常に有用ではありますが、それら情報の正確性や妥当性につ

図表 3-3　ティーザーと IM に記載される情報の違い（例）

	ティーザー	IM
全般	公開情報などを元に案件の概略を説明	案件概要を秘密情報も含めて説明
所在地	国名やその国内の地域名などを記載	市町村や地図上での具体的所在地が明らかとなる
財務情報	限られた指標について、直近年実績の規模感を記載 （例） ・2023 年の売上高＄100mil 程度 ・EBITDA は＄50mil 超を 5 年継続	売上高、EBITDA、純利益、配当などの主要な指標について、複数年の実績値を記載
主要契約	事業の核となるような契約のみを取り上げ、契約相手や条件などは開示されない （例）業界有数の電力会社と電力購入契約を締結	売買主契約、融資契約、運転保守契約、土地賃借契約などの主要な契約について、重要条件などを記載 （例）A 社と 20 年の電力購入契約締結 【条件】 ・売電単価は 5 セント/kWh。 ・稼働率 50 %を下回る場合、ペナルティあり
運転実績	直近の稼働実績を記載	複数年の稼働実績、過去のトラブル事例、主な修繕履歴などを記載
事業計画	曖昧な表現で事業の将来性、有望性を記載	将来の営業戦略、大規模修繕、契約更新などについて言及。所在市場の将来見通しについて説明がある場合も
株主	売主以外の株主は開示されない	売主以外の株主とその持分比率が開示される

いては買主自身で精査しなければならないという考え方が一般的です。IM は対象会社を売却する側が作成するものです。したがって IM は財務諸表とその諸元、何百ページにおよぶ契約書類、内部検討の結果の要点などをまとめたものに過ぎず、（良し悪しを含めて）すべての重要情報が網羅されているとは限りません。

また売主はなるべく高い価格で対象会社株式を売却することが目標であるため、事業価値の高さをアピールできるような情報が中心になっていることや、楽観的な将来見通しが描かれがちであることに気を付けなければなりません。

IM から読み取った売却インフラプロジェクトの概要を元に評価するのがSECTION 5 の簡易デューデリジェンスになります。

SECTION 4

プロセスレター

NDA締結後にIMと合わせて開示されるのがプロセスレターです。プロセスレターはその名の通り、対象会社の売却の入札がどのような手順で進められるかを売主が買主候補に示すものです。また売主がどのように株式譲渡取引を実行したいと考えており、それに向けて買主にどのように対応してほしいか、という点も示されます。

プロセスレターの本旨は、NBOやBOと呼ばれる買収提案書の提出を買主に要請することです。本書では入札プロセスで2度に分けて買収提案書（NBOとBO）が提出されることを想定しています。したがってこのSECTIONでは、売主が買主候補者へNBOの提出を要請するときのプロセスレターと、NBOを通過した買主候補者へBOの提出を要請するときのプロセスレターの双方を説明します。この2つのプロセスレターの記載内容を取引概要とスケジュール、買収提案の記載内容、実務ルールの3点から見ていきましょう。

1　取引概要とスケジュール

プロセスレターでは、売却プロジェクトを保有する対象会社の登記法人名と、売主の保有株式数（株式会社でない場合は保有持分など）、およびそのうち何株を売却するかが示され、取引対象を明確化します。売却する事業の価値は対象会社の価値となりますが、売主と買主が売買するのはその事業を営む会社の株式だからです。

取引対象を明確にしたあと、買収提案のスケジュールが指示されます。プロセスレターの冒頭には買収提案書の提出期日が示されます。入札案件における買収提案は、上記の通り2段階で行われることが一般的です。売主はまず複数の買主候補にIMや限定的な情報を開示の上、NBOの提出を求めます。売主はその中から売却交渉を進めていく買主候補を数社に絞り込み、さらなる情報開示や質疑応答の後に、BOの提出を要求します。BOの内容を踏まえて最終落札者が決定され、売主と買主の間でSPAを締結することとなります。このようにプロセスレターにはどのように情報開示が行われるか、NBO、BO提出様式はどのようなものか、BO提出までのプロセスのスケジュールをどのように想定しているか、が示されます。

買主側は、プロセスレターに示されるスケジュールに従って、アドバイザーなどへの業務委託や社内役員会などの決裁手順の予定を立てていきますので、入札のスケジュールに高い関心を寄せます。ただし、プロセスレターに記載される想定スケジュールは、プロセスごとのタイムラインが詳細に示されることもあれば、極端なケースでは株式が譲渡されるクロージング日の目途のみが示される場合もあります。特に後者の場合には、社内決裁も含めた自社のM&Aの対応スケジュールを組み立てるために、売主へ追加情報の聞き取りを実施したり、買主のFAから他M&A案件でのスケジュールをヒアリングし参考にしたりする必要があります。

2 買収提案書の記載内容

売主は、プロセスレターで買収提案書（BO、NBO）の中で記載すべき事項を示します。記載事項として第一に挙げられるのは対象会社の株式譲渡価格（対象会社評価額）です。買主候補が対象会社株式を一体いくらで買うつもりなのかを示されなければ、売主がその候補に売却する判断ができないことは明白です。しかし売主は株式譲渡価格以外にも様々な定性的情報の記載を要求します。売主が定性情報を提示させる背景には何があるのかを図表3-4で整理します。

売主は買収提案書（NBO、BO）に様々な項目を記載するよう求めます。それらは買主側にM&Aを遂行する能力があるか、インフラプロジェクトM&Aのための資金調達力があるか、M&Aに対する十分な意欲があるか、スムーズな取引完了が期待できるかなどであり、その目的は売主が買主候補への株式譲渡

図表 3-4　買収提案書の記載項目と背景

項目	背景（売主の思惑）
買収主体と財務情報	買主候補先の業種・業態、業績や財務状況を把握し、M&A を遂行する能力・リソースがあるか、買収提案額を拠出するだけの資力を有するかを評価する
買主側の事業戦略における本買収の位置づけ	対象資産の買収が、買主の経営方針と合致しているかを確認する
買収資金の調達方法	買主の資力に応じた資金調達方法が検討されているかを確認する
アドバイザー・外注先の起用状況	買収に向けた準備度合いを把握し、買収に関する買主の姿勢を確認する
買収に係る社内決裁手続きとそのスケジュール	取引を進めていく上でどの程度の時間を要するか、売主が希望する売却完了時期に間に合うかを見極める

が成功する蓋然性を見定めるため、といえるでしょう。どれだけ高い価格での買収提案であっても M&A が成立する気配がなければ、その買主候補と交渉するのは売主にとって時間の浪費です。それよりも価格面は劣るものの、実現性の高い提案をしてきた相手との M&A 交渉を進めたほうが売主にとって有意義です。買収提案が価格の提示に留まらないことには、このような背景があるのです。

3　実務ルール

プロセスレターでは入札を進めていく上での実務ルールも規定されます。この背景には、同時並行で複数の買主候補を相手しなければならないという売主側の事情があるためです。第 2 章で述べた通り、入札は複数の買主候補を参加させることで競争原理を働かせ、好条件を引き出すことができるという売主のメリットがある一方、買主候補を増やせば増やすほど、売主が必要とする労力は 1 社を相手する際の 2 倍、3 倍というように増えていきます。

特に、買主候補が本格デューデリジェンスを行う段階となると、買主候補から膨大な数の資料開示要求や質問を受けることとなり、個社ごとに対応すると売主は相当な負担を強いられます。そこで、効率的に入札手続きを進めるため、売主と買主候補とのやり取りが無秩序にならないよう細かいルールを定めます。

いくつかの具体例を挙げてみます。まず買主候補がアクセスできる売主側の専用連絡窓口の設定です。会社や組織の業務運営において、このような、連絡窓口の設置は当たり前のことかと思いますが、M&Aのように秘匿性がありかつ入札案件の場合は、専用連絡窓口以外へのアクセスが禁じられます。

買主候補は、買収対象会社やそのプロジェクトに関する情報を可能な限り多く集めたいと考えますが、売主としては情報漏洩リスクや開示する手間を考えてなるべく開示情報を少なくしたいはずです。もし売主側の連絡窓口を特定せず、買主候補が売主側の誰にでもアクセスできる状態にしてしまうと、どのような資料をいつ開示したかを管理することが難しくなります。また買主候補から要求されていない情報まで開示してしまうこともあり得ますし、そこからさらなる質問や資料開示を要求されると、収拾がつかなくなってしまいます。

買主側としても、入札プロセスに関する質問はA窓口、インフラプロジェクト関連契約に関する質問はB窓口、設備状況や稼働実績に関する質問はC窓口というように問い合わせ先が分かれているよりも、すべての問い合わせを売主側で一元的に受け付ける窓口がある方が入札プロセスを進めやすいでしょう。なお、多くの場合、売主側の専用連絡窓口は売主のFAが務めます。

次に、売主と買主候補との間での質問と回答のやり取りについてもルールがあります。本格デューデリジェンスにおいて行われる売主との質疑応答は、買主候補にとってインフラプロジェクトを評価するための重要な材料になります。買主候補は開示資料だけでは読み取ることのできない背景や周辺情報を得るために売主に対して様々な質問をしますが、売主からの回答内容によっては事業価値の算定額が上下することもあります。

したがって、買主・売主双方による質疑応答は、最終的な買収提案を左右する重要なピースとなるため、口頭ではなくQAシートという書面においてやり取りされます（QAシートの具体例はSECTION 7図表3-10を参照）。このQA

シートを使って、質問は毎週◯曜日の×時までに買主候補が売主に送付し、同じ週の◯曜日の×時までに売主が買主候補者に回答する、というルールが設けられます。これも売主の負担を軽減することが目的であり、買主候補者から無秩序に質問をされて対応が非効率になることを避け、複数の買主候補から同じような質問があった場合に一括して回答を作成するという売主側の思惑があります。

買主側からすれば、質問をするタイミングが限られてもどかしい一面もありますが、メリットもあります。売主からの回答期限が定まっていれば、いつ回答があるかと不安になることがないですし、回答が決められた期限までない場合は回答を督促する理由ができるため、情報を受領する側の弱さを和らげることができます。もし、プロセスレターの中で、買主候補からの質問提出締め切り日だけが設けられていれば、売主による回答期日の設定を要求しても良いと考えます。

SECTION 5

簡易デューデリジェンス

IMとプロセスレターの開示を受けると、簡易デューデリジェンスを始めることになります。デューデリジェンスとは、直訳すれば「当然の努力」や「相当な調査」となりますが、M&Aにおいては、買収対象会社の価値およびリスクを査定することを指します。買主として本当に株式譲渡取引を進めて問題ないか、買収対象の価値をいくらと評価すべきかなどを調査・確認するための作業です。本格デューデリジェンスとして行われる実務については第4章で詳しく解説しますが、ここでは入札プロセスにおける簡易デューデリジェンスの位置づけとポイントについて説明します。

1　対象会社の価値評価

簡易デューデリジェンスは、NBOの提出に向けて対象会社の評価作業を行うステージですが、何をすべきでしょうか。SECTION 4で説明したように、NBOやBOは、買主候補から売主への買収提案書であり、買収対象会社の価値を金額で表さなければなりません。

M&Aにおいて、企業や事業の価値を金額として評価することをバリュエーションと呼びます。バリュエーションの手法はいくつかありますが、インフラプロジェクトのバリュエーションにはインカムアプローチという手法がよく用いられます。インカムアプローチとは事業や企業の収益に注目するもので、将来得られるキャッシュフローを予想して価値評価を行うものです。その中でも代表的な評価方法がディスカウンテッド・キャッシュフロー法（DCF法）と呼ばれるものであり、将来継続的に得られるキャッシュフローを割引計算（ディスカウント）し、現在価値つまり現時点での事業や企業の価値を評価するものです。

DCF 法では、今の＄100 と 1 年後の＄100 は価値が違うと考えます。例えば、銀行預金の利率が 1 年で 5 %だとすると、現在の＄100 は 1 年後に＄105 になります。逆に考えると、1 年後に＄100 を手に入れるには、現時点で約＄95.24 の元手が必要です。これを DCF 法の考え方に当てはめると、銀行預金の利率に相当する投資の期待利回り（IRR：Internal Rate of Return）を同じく 5 %とすれば、1 年後の＄100 の現在価値は約＄95.24 になります。同じように、買収対象会社の将来キャッシュフローを投資の期待利回り IRR を用いてディスカウントすることで、事業の価値を算出することができます。

図表 3-5　DCF 法

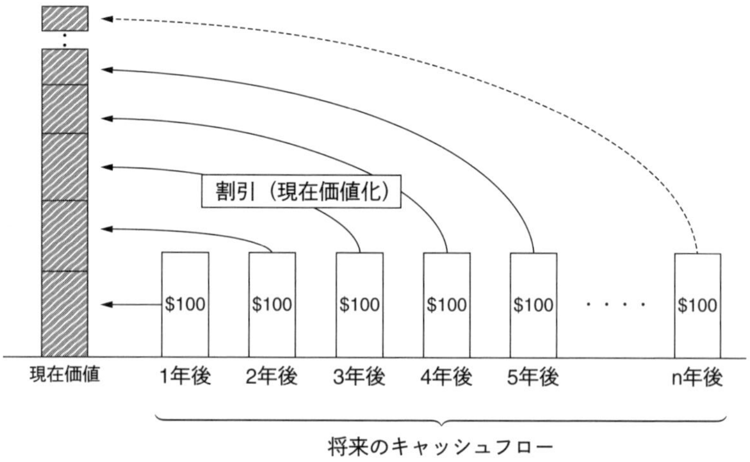

インフラプロジェクトは社会資本として長期的に運用されるものであり、電力販売契約などにより将来のキャッシュフローを想定しやすいという特徴があるため、DCF 法は理にかなったバリュエーション手法だといえます。

インフラプロジェクトの一般的な評価手法が DCF 法であることが分かりましたが、実際に価値を計算する際には将来のキャッシュフローの予想値が必要です。数年、数十年先までのインフラプロジェクトの収益を計算して、長期的なキャッシュフローを計算するのがキャッシュフローモデルです。会社の IR

資料や決算短信のキャッシュフロー計算書は、企業の1年間あるいは数年の「過去の」実績を表すものであるのに対し、キャッシュフローモデルは複数年に亘るインフラプロジェクトの「将来の」キャッシュフローの増減を計算するいわば長期の業績予想ツールです。このキャッシュフローモデルを使って予想財務三表を作成し、売却対象会社の株式を保有することで得られる株式取得時の価値を計算し、それを株式譲渡価格とします。

2　簡易デューデリジェンスで開示される情報

このキャッシュフローモデルを精緻に作り上げるためには、対象会社の財務情報や事業に関する契約書の内容などについて詳細な情報が必要ですが、簡易デューデリジェンスの段階ではティーザーとIMしか開示されず、買主候補が入手できるインフラプロジェクト関連情報は非常に限定的になります。この限られた開示情報の中で唯一売主のビジョンを数字で表す資料がIMに添付される将来キャッシュフローモデルです。この売主が作成した将来キャッシュフローモデルを分析することにより、買主は本インフラプロジェクトがどのように売上を計上し、どのように売上原価が発生し、設備の維持管理にどのようなコストがかかっており、融資をどのように返済し、株主に還元される利益や配当はいくらになるのかということが分かります。

買主候補は、この時点ではインフラプロジェクトの詳細情報を持ち合わせていないため、売主作成の将来キャッシュフローモデルをもとにバリュエーションを実施します。この将来キャッシュフローモデルで設定されているプラント稼働率などの前提条件を変更して、買主独自のバリュエーションをすることは可能ですが、売主から与えられた情報が限られる中、その前提条件を独自に変更することは容易ではありません。もちろんその時点で判明している前提条件を織り込むことは可能です。例えば、A国の買主がB国のインフラプロジェクト事業会社を買収するとし、B国からA国へ配当金を送金する場合に源泉税が課されれば、予めその源泉税を加味してバリュエーションを行う方が、買主としては実態に近い価値を計算することができます。

なお、この売主の将来キャッシュフローモデルについても、対象会社を高く売却したいという売主の思惑が背景にあって作成されていることに留意しなければなりません。ティーザーやIMでは売主が考えるインフラプロジェクトの将来見通しや事業計画が描かれていますが、将来キャッシュフローモデルはその青写真を数字で表したものといえます。

このように開示情報が限られた段階で実施される簡易デューデリジェンスでは、ティーザーやIM、売主が作成する将来キャッシュフローモデルをもとにバリュエーションをせざるを得ないというのが実態です。逆に言えば、売主がキャッシュフローモデルでインフラプロジェクトの概要や収益構造を理解させてくれるともいえます。したがって簡易デューデリジェンスでのバリュエーションでは、売主が提供した情報やキャッシュフローモデルというツールを使ってインフラプロジェクトをよく理解すると同時に、IMやキャッシュフローモデルの中で違和感のある個所や深堀が必要と思われる箇所を事前に洗い出しておくことが大事です。NBO提出後に本格デューデリジェンスへ進むことができると、1か月から数か月程度で本格デューデリジェンスを完了するように求められますので、簡易デューデリジェンスの段階から要調査事項を整理しておくと本格デューデリジェンスで深度のある多面的な分析を行えます。

3　簡易デューデリジェンスのためのアドバイザー（FA）雇用

SECTION 2で触れたように、M&Aのデューデリジェンスは FA や専門のアドバイザーという外部のリソースを使って実施します。簡易デューデリジェンスの時点では、資料開示は一部のみとなり、デューデリジェンス作業は限定的なものになりますので、FAのみを起用して臨むのが一般的です。

FAは、法務や技術などの特定分野のデューデリジェンス業務を担うアドバイザーとは異なり、買収案件の対応方針や売主との交渉戦略の策定など、M&Aそのものの進め方全般について助言や支援を提供します。簡易デューデリジェンスの段階では、FAは買収対象会社に関する概略的な情報をもとに買主と事業価値評価の進め方を策定するほか、売主の将来キャッシュフローモデルをもとに買主のキャッシュフローモデルを作成し買収価格の算出についてアドバイスします。

FAの選定は、競争入札や相見積もりにより実施します。FAの候補は、メガバンクや投資銀行、証券会社、大手会計事務所系のアドバイザリー会社、ブティック系会社などが挙げられます。銀行をFAにすれば、M&Aに向けた資金調達も含むアドバイザリー業務が提供されますし、会計事務所系をFAにすれば会計や税務のデューデリジェンスをグループ内で完結できます。FA候補の得意分野や過去実績、本M&A案件との親和性があるか否か、またFA候補の強みを発揮できるか、が重要なFA選定基準になります。

もうひとつ重要な選定基準となるのが報酬体系です。FAの報酬は、リテイナーフィーと言われる業務提供期間中の定額の月額報酬と、M&Aが成立したときに発生する成功報酬の2本立てになるのが一般的です。リテイナーフィーは、FAにとって業務提供に係るコストを回収するためのフィーであるので、FAはリテイナーフィーをしっかり確保したいと考えます。一方、買主にとってリテイナーフィーは株式譲渡取引が成約しなかった場合でも支払う必要のあるサンクコスト（埋没費用）です。成功報酬は、FAにとってM&Aが完了しないと獲得できないフィーである一方、買主にとっては、M&Aが成立しない限り支払う必要がないフィーとなります。

このようなFAと買主の利益相反の問題を解決するために、NBO提出、本格デューデリジェンスへの移行、BO提出、株式譲渡取引成約という入札手続きのステップをマイルストーンとして、各マイルストーンが達成されれば段階的に成功報酬を支払うこととし、なるべくリテイナーフィーを抑えるという方法があります。案件の規模などにもよりますが、FAに支払う報酬総額は数千万円以上に上ることがあります。買主は、M&A検討の進度とそれに見合う報酬体系となっているかを見極めながらFAを選定します。

FAを起用すれば、いよいよ簡易デューデリジェンスを開始することになりますが、効率的にデューデリジェンスを遂行するために、買主と FA との間で役割分担を決めておきます。FA は過去の M&A 支援での知見や売主側の FA とのやり取りで得た情報に基づき買主に助言やアドバイスを提供します。それらの助言を踏まえて買主が買収方針やデューデリジェンス作業内容を FA に指示します。そして FA がデューデリジェンスの実務を担いつつ相手側 FA と交渉します。しかし M&A の当事者でありかつ対象会社の買収リスクを取るのはあくまで買主です。FA は調査や分析、助言はできても投資判断を下すことはできません。この買主と FA との境界が曖昧になると、様々な局面で物事が決まらない原因になりますので、FA との役割分担をしっかり意識するようにしてください。

図表 3-6　買主・売主と FA の役割分担

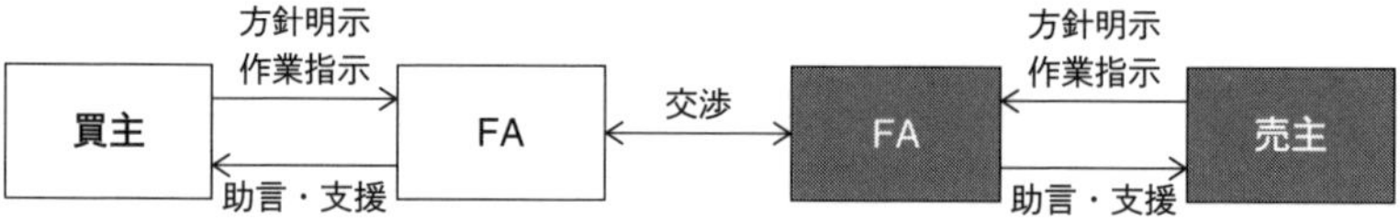

SECTION 6

NBO（Non-Binding Offer）

簡易デューデリジェンスを通して対象会社の評価が完了すると、いよいよNBO（Non-Binding Offer）を提出することになります。NBOはその名の通りNon-BindingのOffer、つまり買収価格や買収提案に法的な拘束力はないという前提で、対象会社を買収したいとする買主候補者の意思を示す書類です。

1　売主から見たNBOの目的

そもそも一体なぜ買主候補が法的拘束力のない買収提案を提示するというステップが必要なのでしょうか。それは売主側の視点から考えてみるとわかりやすいです。

インフラプロジェクトに限らず何かを売る側は、なるべく高い価格や良い条件で売却することがミッションであり、そのために入札で買主候補を数多く集めて、競争原理を働かせることが重要になります。つまり、売主は入口ではなるべく多くの買主候補に関心を持ってもらい、好条件の買収提案を受け取る可能性を高めたいと考えています。ただし、交渉相手が増えるほど負担が増してしまうことを前述しました。そこで、売主は多くの買主候補の中から、なるべく手間をかけずに良い条件で取引できそうな候補を絞り込みたいと考えます。

この選別手段となるのがNBOというステップです。買主候補は情報が開示されてからNBOの提出締め切りまで1か月程度という期間に、インフラプロジェクトの株式価値評価を行い、法的拘束力がないとはいえ買収提案を提示しなければなりません。そのために買主候補はそれなりのリソースを割く必要があります。その面から考えると、NBOを提示すること自体が買収への意気込みを表しているといえます。

一方、売主はNBO提示までの開示情報をIMや売主作成の将来キャッシュフローモデルに限定しますが、こうすることで買主候補側のバリュエーションの前提条件や収益性目線（要求する投資リターン水準＝ハードルレート）を推察できます。次のステップとなる本格デューデリジェンスでは、様々な詳細資料が開示され、買主候補ごとに事業計画やキャッシュフローの想定が異なることになりますが、収益性目線は買主の会社ポリシーに基づき設定されるため、NBOで高い価格を提示した会社は、BOでも高い価格を提示してくることが期待できるわけです。このように、売主は好条件で株式譲渡できる可能性が高い相手を選別する手段としてNBOを活用します。

なお、法的拘束力がない以上、買主側は金額や条件を確約する必要はないので、次の入札プロセスである本格デューデリジェンスの段階に残るために、極めて高い買収価格や常識を超える好条件を提示することもルール上は可能です。しかしながら、売主の究極的な目的は確実に株式譲渡取引を成立させることです。法外な好条件を提示する買主候補は、その真意を疑われますし、本取引に対する取り組み姿勢が真摯でなく入札プロセスを進める中で建設的な交渉が期待できない相手だと評価されて、次の本格デューデリジェンスのステージに進めないでしょう。買主候補の買収への前向きさや提示金額水準の高さに加えて、取引完遂に向けて信用できる相手かという点を売主はNBOを通じて見定めるのです。

2　NBOの記載事項

買主から見て、NBOは案件買収に向けた第一関門といえるでしょう。ここで入札プロセスから脱落してしまうこともありますから、検討時間は少ないながらも安易な提案はできません。NBOは基本的にプロセスレターの指示に基づいて作成することになりますが、売主がNBOを買主先候補の絞り込みをする手段と捉えていることを踏まえ、買主側としてどのようなことに気を付けて記載するかを説明します。

図表 3-7　NBO 記載内容の例

	記載内容
(1) 買収価格と前提条件	・買収価額 ・事業価値評価の前提条件 ・持分取得割合 ・タームシート（買収主要条件書） ・本格デューデリジェンスに必要な資料 ・買収会社の社内承認プロセス、買収に必要な許認可 ・買主のアドバイザー
(2) 買収主体の情報	・買主および／または親会社のプロフィール、保有資産、運営実績、投資実績
(3) 事業戦略における買収の位置づけ	・買主および／または親会社の事業戦略と本買収との位置づけ ・買収後の計画
(4) 買収ストラクチャーと資金調達方法	・株式譲渡取引の実施形態 　金銭を対価とする株式譲渡 　第三者増資割当 　株式交換　ほか ・買収のための資金調達方法 　自己資金 　銀行借入　ほか ・資金調達の目途（融資に関する銀行との協議状況）

(1) 買収価格と前提条件

NBO の一番の目玉となるのはやはり買収価格です。NBO で示された金額が最終取引価格になるわけではないですが、売主は買主候補の収益性目線がわかりますので、次プロセスに向けた選別を行う上で重要な要素となります。

買収価格の提案時には、バリュエーション結果を踏まえた買収提案額、使用したバリュエーションの手法（DCF 法、EBITDA マルチプル法など）、およびインフラプロジェクト評価にあたってのキャッシュフローの前提条件を記載するのが一般的です。キャッシュフローの前提条件として記載する項目は、簡易デューデリジェンスを踏まえて売主作成の将来キャッシュフローモデルから変更した前提条件や、本格デューデリジェンスの結果次第で変更する可能性がある前提条件などです。

NBO は法的拘束力がありませんので、NBO の買収価格が BO で変更される（多くの場合は下がる）ことは売主と買主の共通認識ではあるものの、買収価格が下がるとすれば、その下がる原因となる前提条件は何であるかを買主が示すことが大事です。売主としてもそのポイントを知ることで、本格デューデリジェンスでどのような資料を開示すれば買主の疑念を払しょくできるかが分かり、買主との協議を進めやすくなります。

また、金額提示の仕方として、1 つの金額を示す方法もあれば、一定の幅の金額を示す方法もあります。バリュエーションにおいては、様々な前提条件を置いてインフラプロジェクトの価値を評価しますが、NBO の提示にあたって前提条件を固めることができればピンポイントで数字を提示することができるでしょう。一方、詳細情報が開示されない中で価値評価を行う際、どうしても確定できない前提条件がある場合や、様々な見方があって振れ幅が大きい前提条件がある場合に、上限と下限金額を提示することも考えられます。ただし、幅を持って提示する場合は、どのような条件であれば上限または下限となるかを NBO で説明しておかないと、売主は下限値を提示額として受け取ってしまう可能性があることに留意が必要です。

(2) 買収主体の情報

買収主体は、実際に株式を購入する会社の法人名・商号を記載します。自社あるいはその子会社・関連会社が買収主体であれば「A 株式会社」「A 株式会社の 100 %子会社である B 株式会社」と記載します。そのほかにも買収のための新たな持株会社や特別目的会社を設立して、その会社が直接の株式購入者となるケースがありますが、この場合は「○○に設立予定の A 株式会社の子会社」というように想定される設立国やその会社形態（株式会社や合同会社など）と親会社との資本関係を明示しておきます。

先に説明しましたが、売主が買収主体の情報を要求する理由は、買主候補が買収資金を拠出する資金力を有しており、M&A を完遂できる会社なのかを

NBOを通じて見定めるためです。つまり、買主候補から提示されたNBOにおいて、買収主体が親会社ではなくその子会社の投資持株会社であるという情報だけであれば、売主は売却交渉できる相手かどうかの判断ができないわけです。したがってNBOでは買収主体の情報だけでなく、その親会社についても記載する場合があります。この際には親会社の法人名、法人番号や登記住所以外にも、M&Aを遂行しうる会社であることを説明できる情報を記載する必要があります。例えば、親会社の事業内容、資本金、直近の業績・財務状況、保有資産、投資実績など、M&Aを行うに足る事業規模や資金拠出力があることを示す必要があるでしょう。

なお、プロセスレターにおいて、買収対象インフラプロジェクトの事業分野における事業実績や投資実績の記載を要求されるケースがありますが、これは対象会社が営むインフラプロジェクトの電力販売契約や融資契約に定められた事前承認事項（チェンジ・オブ・コントロール条項（第4章SECTION 2 2 参照））であるためです。

電力販売契約や融資契約の契約相手である電力小売会社や銀行は、対象会社の株主に対して適切にインフラ事業を運営し、公共へのインフラサービスの提供や融資資金の返済を着実に実施することを期待しています。対象会社の株主がその株式を譲渡する場合は、新株主に引き続き事業を運営する能力があるかがポイントとなります。その確認のために、当該株式譲渡について事前に契約相手の承認を必要とするのです。

株式売却後もインフラの事業運営を確実に実施できる買主でなければ、対象会社の契約相手から株式譲渡を否認される可能性があるため、売主は対象会社の事業に関する買収候補の実績の記載を求めるのです。したがって、買主候補は対象会社と同じ事業の実績や過去の投資実績について余すことなく記載しておくのがよいでしょう。

(3) 事業戦略における買収の位置づけ

売主が買主側の事業戦略を問う背景は、M&Aを遂行しようとする買主の意思を見極めるためです。入札に参加する買主候補の中には、インフラプロジェクトに相当な関心を寄せリスクを取ってでもインフラプロジェクトを買収したいと考えるプレイヤーもいれば、インフラプロジェクトの情報収集を目的として必ずしもM&Aに至ることを目指していないプレイヤーもいます。

一方で、売主は時間と労力をかけて買主候補によるデューデリジェンスに対応してM&Aを成功させようとしているわけですから、入札途上での買主の撤退は絶対に避けたいと考えています。そこで売主は、買主候補の事業戦略の中に対象会社のM&Aを据え置いたとき、当該事業戦略ストーリーの辻褄があっているかを確認するため、NBOで対象会社のM&Aの位置づけを明示するよう求めるわけです。

これに応えるために、買主はまず自社の事業戦略をしっかり把握しておく必要があります。それを前提に、売主に対してなぜ対象会社を買収したいのかを隙なく説明しなければなりません。例えば、買主候補が日本国内を中心に事業を営む会社だとして、海外のインフラプロジェクトを買収しようとする場合、なぜ日本国内での事業拡大ではなく海外に投資の機会を求めるのかの説明が必要になるでしょう。すでに海外進出を果たしていても、新しいエリアや国のインフラプロジェクトのM&Aを目指す場合も同様でしょう。他にも、ガス事業を中心に投資してきた会社が新たに電力事業プロジェクトに入札する場合には、新たな投資が既存事業とどういう関連性があるのか、またはシナジーを生み出すのかという点を詳らかにする必要があるでしょう。

このように、自社の方針や事業戦略において買収しようとするインフラプロジェクトがどういう意味を持ち、M&Aそのものが何を目的とするものなのかを示すことで、売主は対象会社のM&Aに対する買主の熱意に納得するのです。

(4) 買収ストラクチャーと資金調達方法

買収ストラクチャーとは、どのようにして株式譲渡取引を実施するのかということです。例えば、金銭を対価として既存株主が保有する株式の譲渡を受ける、第三者増資割当により事業の株式持分を取得する、売主と買主が保有する事業会社株式の交換により株式持分を取得するなどです。

基本的にはティーザーやIMに記載される売主の希望する買収ストラクチャーに沿った買収を提案することになると思いますが、それ以外の手法を提案するのであれば、なぜそのような方法を選択するのか、特に売主にとってどのようなメリットがあるかを説明する必要があります。

次に資金調達方法については、M&Aに必要な資金をどのように調達するのかを説明します。自己資金からの拠出なのか、または買収資金を使途とする銀行借入なのかなどを記載します。

ここで重要なのは、上記「(2) 買収主体の情報」から分かる買主候補の財務内容から見て、提案する資金調達方法が合理的かどうかです。現預金が十分にある場合、または買主候補の資産規模に対して提案の買収価格が相応に小さい場合であれば、自己資金で買収資金を賄うという説明は売主にとっては合理的に受け止められます。一方で、買主候補の資産規模に対して大きな規模となるインフラプロジェクトのM&Aである場合は、どのように資金調達するのかを示す必要があります。

なお、NBOの段階では十分なデューデリジェンスの検討時間が与えられないため、買収ストラクチャーや資金調達方法について確たるものを提案できない可能性があります。その場合は次の本格デューデリジェンスのステージにおいて、事業の価値評価と合わせて最適なM&Aのあり方を検討することになります。その検討結果も踏まえてBOで最終的な提案をする予定であれば、NBOでは「現時点での想定ではこう考えている」と記載するよう留意してください。

SECTION 7

本格デューデリジェンス

複数の競合先がいる中で、売主から魅力的と受け止められるようなNBOを提出し、交渉目線が合う相手として入札プロセスを続けることが認められればBO提出に向けたプロセスレターが提供されます。ここからは本格デューデリジェンスの始まりです。NBO段階を通過して本格デューデリジェンスに進める買主候補はインフラプロジェクトにおいて通常5社以下となります。本格デューデリジェンスの内容は第4章で詳説しますので、ここでは、本格デューデリジェンスの実施体制と簡易デューデリジェンスとの違いを解説します。

1　本格デューデリジェンスの実施体制

本格デューデリジェンスの実施にあたっては、資料のレビューや調査、リスク評価支援などの実務を担うアドバイザーを選定することから始まります。図表3-8は本格デューデリジェンスの主な項目とそのデューデリジェンスのために雇用するアドバイザーの一覧です。

図表3-8　デューデリジェンス分野とアドバイザー

デューデリジェンス分野	アドバイザー
法務	弁護士
技術	技術アドバイザー
マーケット	マーケットアドバイザー
財務	監査法人（会計）
税務	監査法人（税務）
保険	保険アドバイザー
キャッシュフロー	FA（Financial Advisor）

各アドバイザーについては、FAと同様、複数候補から提案を受けて、その能力や実績、報酬を踏まえて選定します。デューデリジェンスの実務を踏まえたアドバイザー選定のポイントについては第4章で触れることにして、ここでは報酬に関して留意すべき点を説明します。

報酬体系については、全業務を固定価格の報酬で実施するものもあれば、時間報酬制を基本として想定価格を提示するもの、業務ごとに固定価格と時間報酬制が混在するものなど様々です。買主から示している調査スコープがアドバイザー業務でカバーされているか、業務従事時間数の想定はどの程度か、報告レポートなどの成果物提出後の質疑応答までアドバイザー業務に含まれているか、各アドバイザー候補からの報酬提案の前提条件が横並びとなっているか、などを十分に確認してください。

社外のアドバイザーを活用したデューデリジェンスはかなりの費用がかかることを覚悟しておかなければなりません。調査業務では、法律事務所や会計事務所、税理士法人などの一線級の知識と経験を保有するアドバイザーを起用することになろうかと思いますが、1件当たり数千万円、全体で億単位の費用が生じることも稀ではありません。

当然ながらアドバイザーの作業量を増やすほど要求される報酬は増えていきますので、外注する調査スコープを明確にし、無駄な作業をさせないことが効率的なデューデリジェンスに繋がります。そのような観点から、各分野においてどのようなリスクが発見されうるかを想定し、事前に重点的に調査を依頼する事項とそうでないものを分類しておく、またはリスクは網羅的に洗い出してもらうものの、専門家の目線からそれぞれのリスクの軽重を色分けしてもらったうえで限定的に追加調査する、という工夫が必要です。

各分野のアドバイザーが決まると、デューデリジェンスを進める体制を構築します。まずは、デューデリジェンス全体を統括するプロジェクトマネージャーを置き、その下に各デューデリジェンス分野に応じた個別チームを組成します。各分野で調査する内容や業務量に応じて、チームの構成やチーム割当人数を検討します。

各チームは雇用したアドバイザーに委託業務を指示し、アドバイザーは各種資料をレビューした結果をレポートに起こして担当チームへ報告します。担当チームはその報告内容を精査し、そこでの発見事項の重要性や影響度合いを評価の上、キャッシュフローチームと法務チームへフィードバックします。キャッシュフローチームと法務チームは、プロジェクトマネージャー、FA、弁護士と協議しながら、各チームから受け取った発見事項をバリュエーションに反映させるか、株式譲渡契約にてリスク回避を図るかを決め、その方針に従ってFAがキャッシュフローモデルを修正し弁護士が株式譲渡契約への反映を行います。

本格デューデリジェンスの実施期間は数か月から長くても半年程度です。この短期間で膨大な資料を読み込んだ上でリスクを発見・精査し、バリュエーションや株式譲渡契約へ確実に織り込むためには、アドバイザーに対する業務進捗管理が非常に重要です。買収提案書（BO）提出日に間に合うよう、社内決

図表 3-9　本格デューデリジェンスの推進体制

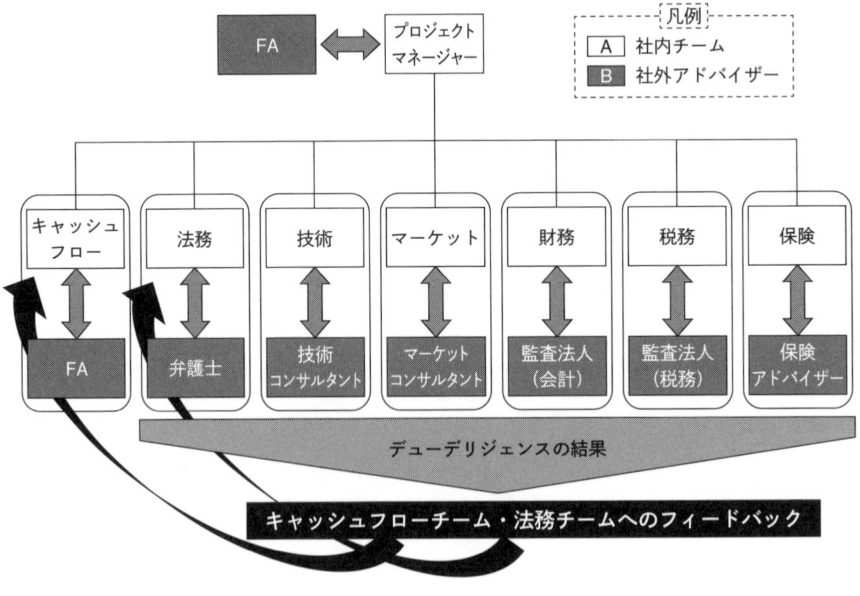

裁工程から逆算したアドバイザーのレポート提出締め切りの設定や、万が一レポート提出が遅れても全体のスケジュールに影響を及ぼさないように余裕のあるスケジュール設定が必要です。また、アドバイザーからのレポート提出については最終報告のみとせず、中間報告を設けて重要な問題を先行して評価するという進め方が有効です。

2　簡易デューデリジェンスとの違い

本格デューデリジェンスは買収対象に内在しているリスクと事業価値の評価・査定を目的とする点では簡易デューデリジェンスと同じですが、ここでは両者の違いについて説明します。

(1) 情報量

1つ目は、売主から開示される情報量の差です。SECTION 5のおさらいになりますが、簡易デューデリジェンスで開示される情報は、ティーザー、IM、売主作成の将来キャッシュフローモデルなどに限定されると説明しました。本格デューデリジェンスでは、それらの元データとなる原典や資料が提供されます。

具体的には、登記簿謄本、土地・設備図面、許認可証書、販売契約、融資契約、建設契約などの主要契約書とその付随資料、プロジェクト開始から直近までの財務諸表、運転保守報告書、保険証書と請求・給付関連書類、訴訟関連書類などです。これらの資料を分析することで、インフラプロジェクトがどのような収益構造を持ち、これまでにどのように運用されて、どのような実績を積んできたかを解明できます。

これらの資料はバーチャルデータルーム（VDR）と呼ばれるウェブ上で作成された資料室を経由して売主から買主候補に開示されます。売主が資料一式揃えて準備していることもあれば、買主候補が要望して初めて閲覧できるようになることもありますので、買主側は本格デューデリジェンスに必要なIRL（Information Request List：情報要求リスト）を作成して売主に情報開示を要求します。膨大な量の書類が開示されることとなりますので、M&Aでは上述の専門のアドバイザーを起用して調査をしてもらうのが一般的です。

(2) 調査の深度

2つ目は、調査・査定作業の質や深堀度合いの違いです。開示情報が限られるため詳細なリスク評価を行うことが難しい簡易デューデリジェンスでは、基本的に売主から示された前提条件をベースに売主作成の将来キャッシュフローを用いた限定的なバリュエーションを行うと説明しました。それは法的拘束力のない買収提案であるNBOの提出だからこそ可能となるものです。

本格デューデリジェンスは、法的拘束力を持つ買収条件提案書すなわちBOの提示がゴールとなります。つまり、買収対象会社について十分な評価が完了し、これだけの株式価値があると自信をもって説明できる状況に至らなければなりません。そのためには、膨大な開示資料のレビューや売主や対象会社への直接のインタビューなどを通じて事業の実態を把握し、買収時におけるリスク対応策、対象会社を買収した後で発現しうるリスクの有無や影響の大小などを整理する必要があるでしょう。

しかしながら、買主だけのリソースで遺漏なくリスクを発見し、それが一体どのようなリスクなのかを評価することは困難です。繰り返しになりますが、M&Aにおいては様々な観点・分野からの査定作業を行うべく各種専門家を起用して量・質ともに充実したデューデリジェンスを実施します。

(3) Q&A

3つ目は、売主と買主候補のコミュニケーションが増える点です。簡易デューデリジェンスでは、買主候補が数多いことから売主が一方的に開示資料を決め、その情報のみでインフラプロジェクトを評価するよう指示しますが、本格デューデリジェンスでは双方向のやり取りが増えていきます。

簡易デューデリジェンスとは違い、本格デューデリジェンスを経て提出する買収提案書（BO）は法的拘束力を持ち、後で覆すことのできないものです。買主候補は自身が納得できるまでリスク分析やバリュエーションを行いたいため、インフラプロジェクトに関する様々な質問をし、売主に対して回答や追加情報の開示を迫っていきます。売主としても、本格デューデリジェンスに進んだ買主候補、つまり他と比べて好条件での買収意思を示している会社の関心を失わせるわけにはいかないので、これらに真摯に対応していくことになるのです。

なお、買主はこの質疑応答が事業のリスク・事業価値を評価する上で重要な証拠となるため、先述したQAシートという書面に残る形で実施するのが一般的です（図表3-10）。

図表3-10　QAシート（例）

〇〇案件QAシート（2024/7/18時点）

No.	分野	関連資料	買主候補からの質問	質問日	優先度	売り手からの回答	回答日
1	法務	IM（p.19）	騒音発生施設の設置に関する許可証の開示を求める。	2024/7/3	低	データルームにアップロード済	2024/7/6
2	技術	2020年10月運転保守報告書（p.24）	10月13日に発生した設備トラブルの原因は何か。 またどのような再発防止対策が講じられたのか。	2024/7/10	中	計測器設定ミスにより異常振動を検知し、設備が自動停止した。 該当計測器の再設定と、同種計測器を全数チェック済 詳細は事故報告書参照	2024/7/14
3	財務	2023年度監査済財務諸表（p.46）	2023年度末時点で認識されている偶発債務の内訳とその関連資料の開示を求める。	2024/7/17	高	（未回答）	（未回答）

分野や関連資料とその該当箇所を明示することで、売り手との認識の齟齬が生まれにくい。

質問日と優先度を記載することで、売り手に対して遅滞なく回答するよう迫る。

SECTION 8

マネージメントプレゼンテーション・サイトビジット

NBO提出後のプロセスとして、マネージメントプレゼンテーションやサイトビジットが予定されていることがあります。マネージメントプレゼンテーションとは、取引対象会社のトップを始めとする経営層が事業の紹介や今後の見通しについて説明する会議のことです。また、サイトビジットとは、発電プラント、燃料受入基地、水処理施設など、その名の通り事業が行われている現場の現地視察のことです。

インフラプロジェクトのM&Aにおいては、買主候補が対象会社のプロジェクトへの理解を深め、精緻なバリュエーションを行えるようにこのような機会が設けられることが少なくありません。一般的には、NBO提出後のBO提出を本旨とするプロセスレターで両者の実施時期などを含めた案内がなされます。クロスボーダーのM&Aでは、移動時間も考慮して、マネージメントプレゼンテーションとサイトビジットを同時に実施するケースが多いです。ここからは、それぞれのイベントにおいて買主として留意すべき点やポイントを説明します。

1　マネージメントプレゼンテーション

マネージメントプレゼンテーションの大きな特徴は、売主ではなく、取引対象である対象会社のトップマネージメントが事業を説明するという点です。ここまで何度か説明してきましたが、買主候補に対峙するのは基本的に対象会社の株主である売主であり、売主はなるべく良い条件での売却を目指しているため、対象会社のインフラプロジェクトのリスクは少なく、将来生み出す付加価値は大きい、という説明をするはずです。これに対してマネージメントプレゼンテーションは、事業を一番よく理解している対象会社のトップマネージメントから直接説明を聞くものであり、買主側にとっては売主からの説明とは違う視点で事業の実態をよりよく知ることのできる貴重な機会となります。

マネージメントプレゼンテーションでは、初めに事業会社から事業について説明があり、そのあとに質疑応答の時間が設けられます。事業会社側ではあらゆる質問に回答できるよう、トップである社長だけでなく、CFO（最高財務責任者）やCTO（最高技術責任者）など、各部門の責任者あるいは次席を参加させるはずです。この段階ではすでに本格デューデリジェンス用の詳細資料も入手済でしょうから、事業運営上の課題とその対応状況、事業計画と現状の差異、将来の事業方針など、資料だけでは読み取ることのできない内容について質問するとよいでしょう。

ただし、マネージメントプレゼンテーションには売主も同席しますし、事業会社のトップマネージメントは、その説明や質疑対応について売主と事前に擦り合わせしていることも考えられます。そのような状況でも、事業会社側の話しぶりや説明ぶりを見て、課題に対する回答や今後の事業に対する姿勢などから対象会社の真の姿を伺い知ることができるのではないかと思います。

2 サイトビジット

これまでの入札プロセスの説明を通じて感じていると思いますが、インフラプロジェクトのM&Aはほとんど電子的な資料やメールのやり取りだけで完結してしまいます。そのような中で、サイトビジットは実際に事業運営が行われている現場を視察し、対象会社の実態を把握する貴重な機会です。また、現場で働く実務者などが案内しますので、マネージメントプレゼンテーションと同じく、売主以外から事業の状況を知れるチャンスでもあります。

サイトビジットでは、まず設備配置図などを用いて現場の全体像が説明され、安全に関する説明など視察を行う上での注意事項の説明があります。現場では標準的な視察ルートが設定されていることが多いですが、買主候補者側が要望した箇所の視察が許容される場合もありますので、デューデリジェンスを通じて気になることがある設備や場所をリクエストしてもよいでしょう。過去に故障やトラブルがあった箇所で実物を見ながら修復具合や再発防止対策の説明を受けることができますし、サイトの整理整頓状況や従業員の安全意識などと合わせて確認することで、取引対象事業の安定的な設備運用に関する評価をより深いレベルで行うことができます。

インフラ事業のような資本集約型産業においては、設備不良や稼働停止が一番の痛手となるため、技術的な評価・デューデリジェンスも重要な意味を持つこととなりますが、資料のみでは評価が難しいことも多いので懸念点を払拭する機会としてサイトビジットを活かしてはどうでしょうか。

BO（Binding Offer）

マネージメントプレゼンテーションやサイトビジットを経て、本格デューデリジェンスを完了するといよいよBO（Binding Offer）の提出となります。BOとは、対象会社の買収についての法的な拘束力を有する買収提案書です。買主候補は、ここまでの本格デューデリジェンスによる発見事項を踏まえて改めて売却対象会社のバリュエーションを行い、この条件が満たされれば株式譲渡を希望するという買収提案書を提出します。

BOもNBOと同様に売主作成のプロセスレターの指示に沿って作成します。BOの記載例は図表3-11の通りです。BOの記載項目はNBOの記載項目（図表3-7）とほぼ一緒です。しかしNBOが「このような前提条件のもとであれば、この（これくらいの幅の）価格で購入したい」という関心を表明していた書類であるのに対し、BOは「条件さえ整えばこの価格での購入を約束する」とい

図表3-11　BO記載内容の例

	記載内容
①買収価格と前提条件	・買収価額 ・事業価値評価の前提条件 ・持分取得割合 ・タームシート（買収主要条件書） ・買収に必要な許認可
②買収主体の情報	・買主および／または親会社のプロフィール、保有資産、運営実績、投資実績
③事業戦略における買収の位置づけ	・買主および／または親会社の事業戦略と本買収との位置づけ ・買収後の計画
④買収ストラクチャーと資金調達方法	・株式譲渡取引の実施形態 ・買収のための資金調達方法 ・資金調達の目途

う性質の書類ですので、NBOにも増して慎重に作成しなければなりません。またNBOは売主が複数の買主候補の中から有力候補の数社を絞り込むためのものであったのに対し、BOはその中から最終的な株式譲渡先を選ぶ判断材料であることに鑑みると、売主が魅力を感じるような提案にしなければなりません。この2つの観点を踏まえて、BOの記載にあたり買主として注意すべきポイントを説明します。

1　買収価格と前提条件

NBOと同様に、BOにおいても売主買主ともに最も重要視するのは買収価格でしょう。BO提出のためのプロセスレターではNBOと同じく、買収提案額、バリュエーション手法、キャッシュフローの前提をBOに記載するよう指示されます。このうち買収提案額とキャッシュフローの前提は、BOの記載とNBOの記載は異なるものとなります。

なぜならBOの買収提案額は、NBOで用いた売主の青写真的な将来事業計画を本格デューデリジェンスで独自に精査し、事業価値を再評価して算出したものであるためです。その結果、NBOの買収価格と比べてBOの価格が低下するのが一般的です。

またBOのキャッシュフローの前提については、NBOから何が変わったのかを記載します。例えば、本格デューデリジェンスの結果、市況がより厳しいと想定したとか、設備の使用状況や他インフラプロジェクトの実績を踏まえて設備寿命が当初想定よりも短いと判断し事業期間を短縮した、というようにNBOの時よりも株式評価が下がった理由を売主が理解できるようにすれば、取引相手としての信頼感が増すことになります。

これと合わせて、買収提案額が成り立つための前提条件も記載します。BOはこの価格で対象会社を買収しますと法的に約束してしまうものですが、現実問題としてBOの提示までに評価が完了しない場合があります。例えば、取引対象インフラプロジェクトの操業に必須である当局からの許認可の「更新手続き」に時間を要しており、許認可の有効期限までに更新が完了するかどうかが確定していないとします。

更新手続きですから定例的な手続きであり、有効期限には間に合うと思われるものの、万一更新できなかった場合は一定期間操業できず収益を創出できないために、インフラプロジェクトの価値が下がると想定されます。したがって、許認可更新が間に合う前提でバリュエーションした買収提案額を示すものの、有効期限までの更新が間に合うことを付随条件として提示します。こうすることで、BOの提示価格を引き下げずに買主側がリスクを負わない提案ができます。

なお、買主候補がBOで提示した価格が必ずしも取引価格となるわけではありません。なぜなら、売主側が価格の引き上げ交渉をしてくるケースがあるからです。売主はBOへの記載を要請した買主候補のキャッシュフローの前提を糸口に、「こういう見方ができるから評価額はもっと高くなるはずだ」と言って価格の引き上げをはかります。

もちろん、理由もなく提示価格を引き上げることはできませんが、この交渉の中でデューデリジェンスにおいて詰め切れていなかった新たな事実や情報が見つかることもありますので、それが妥当な内容であれば値上げに応じることも可能かもしれません。また売主は、競合相手の提示額が買主には分からないことを利用して「あと何パーセント価格を上げれば他社を上回る」というささやきを投げかけてくることもあり、最後の最後まで自身への実入りが増えるような行動を取ります。大事なことは、売主の戦略を予め想定した上で、主要なキャッシュフローの前提がどのように変わればどの程度の値上げ対応が可能かをBO提出前に整理して、交渉に備えておくことです。

2　買収主体の情報

買収主体については、買主候補が取引を遂行するに足る会社であることを示す情報を記載するという点でBOはNBOと変わりません。BOにおいても買収対価を支払う会社規模や資金力、M&A後の事業運営を担うことができる実績や経験を改めて記載することになります。

ここで重要なのは、それぞれの情報を適切にNBOからアップデートしておくことです。例えば買収主体をどの会社にするかという観点であれば、親会社本体が買収するのがよいのか、既存の子会社を通じて買収するのがよいのか、新たに会社を設立して買収するのがよいのか、という選択肢が挙げられます。デューデリジェンスを通じてそれぞれのメリット・デメリットを評価して最適解が導き出されているかと思いますので、その答えをBOに明記します。もしBOのタイミングで買収主体が決まっていない場合は、売主は買主候補が本当にデューデリジェンスをできているのかと不安になるでしょう。仮にBOのタイミングで決まっていないとすれば、そこには何等かの理由があると思いますので、どんな課題があって買収主体が決まっていないのか、そしてその課題がどうクリアできればどの選択肢を選ぶことになるのかは記載しておくべきでしょう。

また、NBO提出からデューデリジェンスを経て、BOを提出するまでには数か月以上は経過しているものと思います。そのため四半期決算は超えているので買主の財務数値の更新ができるはずです。また、その間に事業実績に新たなものが加わっていれば、それらも合わせてアップデートしましょう。このような一般的な情報であっても、それは堅調に事業を展開している証であり、買収対象会社の取得に必要な会社規模や財務力を恒常的に維持・拡大しているという説明にもなるはずです。

買収主体に関する情報も、一見NBOと同じままBOへ記載しても良いように思われますが、それらも手を抜くことなくしっかり記載することに注意してください。

3　事業戦略における買収の位置づけ

買主の事業戦略と対象会社の買収の関係性を記載する意味も、BOでもNBO

でも変わりません。BO において重要なのは、本格デューデリジェンスを踏まえて、買収対象会社をどのように評価しており、それが買主側の会社としてどのような意味を持ちうるかを記載することです。

例えば、買収対象会社が締結している電力販売契約が、一般的なものより長期間の引取が約束され単価も高い契約であることが本格デューデリジェンスを通じて新たにわかったとします。その点について、買主の長期経営計画における利益目標と照らし合わせて、本件買収が利益目標実現に貢献する重要な案件になると期待している、という記載ができるでしょう。他にも買収対象会社で採用されている設備が買主の設備と同じであれば、この M&A が自社に蓄積された知識やノウハウを展開する機会になるという説明もできるのではないでしょうか。

このように、買収対象会社の M&A が持つ細かい意義付けが説明できると、買主候補が真摯にインフラプロジェクトに向き合っており、最終交渉相手に選んだ場合には取引完了まで至る蓋然性が高いと売主は判断するでしょう。NBO では、当該 M&A が買主の事業戦略の大きな流れの中の 1 つとして捉えられるかという点を押さえておくことで十分でしたが、BO では、デューデリジェンスの中で判明した対象会社のプロジェクトの特徴や詳細を理解した上で、買主会社の利益拡大、事業機会の創出、技術展開などに資することを具体的に記載することが必要になります。

4　買収ストラクチャーと資金調達方法

BO を提出するタイミングでは、買主候補が本格デューデリジェンスを完了し、M&A を成約させるための取引手法やその実行に向けた資金調達方法に見通しが立っていることを売主は期待しています。特に、NBO の段階で買収資金を銀行借入などにより調達するとしていた場合は、その資金調達の蓋然性が見えていないと売主としては BO の実現性を疑わざるを得ません。実際に融資による資金調達が可能であることを示すためには、「既往取引のある日本の公的金融機関と本案件の買収資金を使途とした融資について交渉を進めており、前向きな反応を得ている」というように、どのような金融機関と協議し、どこまでコミットを得ているかという状況を記載すべきでしょう。

なお、買収資金を自己資金で賄うこととしていた場合でも、売主からあらためて資金調達状況の問い合わせがあるかもしれません。自信をもって「自己資金を充当する」と答えれば十分ですが、最新の決算情報についても言及できると説得力が増します。自社の現状をしっかり把握しておくことも重要なことであると覚えておきましょう。

SECTION 10

株式譲渡契約の締結

BOを提出し、売主からの株式譲渡に向けた優先交渉権を獲得すると、株式譲渡契約（SPA（Share Purchase Agreement））の締結に向けた本格的な交渉が始まります。

SPAには大きく2つの目的があるといえます。1つは、売主と買主で株式譲渡取引を行う上での条件を定めること、もう1つは取引成立に向けて売主と買主のどちらが何をするかを定めることです。

1　株式譲渡取引の条件

まず、一つ目の株式譲渡取引の前提となる条件についてです。この条件の例は対象会社株式の譲渡価格や、取引を実行する上で真実かつ正確であると売主または買主が保証する表明保証内容の規定、さらに対価支払・株式譲渡後に表明保証の内容が誤りであったことにより発生した損害の補償金額や補償方法などです。

SPAは、M&Aの最終段階においてフォーカスが当たるもののように思われますが、実はもっと早い段階からその検討が始まっています。SPAは、売主と買主がそれぞれの思惑をもって何度もボールのやり取りをして作り上げられていくものであり、入札においては売主が最初のドラフトを作成し買主候補に提示します。なぜなら売主は複数の相手と同時に交渉を進めていくことを見据え、相手ごとに個別にSPAを作成するのではなく、ベースとなる雛形を作成して、それをもとに交渉するほうが効率的に進められるからです。NBOが通過したタイミングあるいは本格デューデリジェンス期間中に、売主が作成したSPAドラフトが提示されるため、買主候補はBOの提出前からSPAについて検討しなければなりません。

買主は、売主が作成したドラフトである以上、売主優位な内容になっているであろうことを前提に、まずSPAドラフトの条文を一つ一つ確認し、売主が提示している条件を整理することから始めます。本格デューデリジェンスにて導き出したバリュエーションの結果や、発見したリスクの内容・インパクト・発現度合いなどを比較して、売主のSPAドラフトにて提示されている条件に対し、修正案やコメントを付していきます。このSPAの修正案は、マークアップ（mark up：修正要望）と呼ばれる修正履歴内容を残した形でBOに添付し売主に提出します。売主はBOを評価する際、SPAの修正案も優先交渉相手の選定の評価対象とします。

その後、株式譲渡に係る優先交渉権を勝ち得た買主候補は、売主とお互いの主張をSPAの修正あるいはコメントという形でやり取りしつつ、論点を絞っていきます。ある程度まで論点整理が進み、書面上のやり取りだけでは交渉が難しい重要論点が見えてくると売主・買主の直接協議なども行いながら最終的な落としどころを探ります。すべての論点がクリアになれば晴れてSPAの署名・締結となります。

SPA交渉においては、売主と買主候補の条件整理や、双方の意向の契約書への落とし込み作業など、高度な法律知識が必要な場面が多く出てきますので、実務は法律事務所などの法務アドバイザー（弁護士）に外注するのが一般的です。一方で、SPAで定められる内容は、売主と買主候補のどちらが何のリスクを背負うかを決めるものであり、ビジネスとしての判断を求められる場面が数多くあります。

法務アドバイザーはあくまで実務を担う存在であり、SPA条件がインフラプロジェクト所在国の法律に沿ったものかどうかという判断はできるものの、どの程度のリスクを受け入れるかあるいは受け入れないのかは買主候補自身で判断する必要がありますので、自身の会社組織のガバナンスポリシーや投資方針を踏まえて、どの程度のリスク許容度があるかなどを事前に確認した上でSPA交渉に臨むべきでしょう。

2　株式取引成立までの義務

2つ目は、取引成立に向けて売主と買主のどちらが何をするかを定めることです。インフラプロジェクトのクロスボーダー取引では、対象会社の株主変更に関するステークホルダーからの同意取り付け、所在国における投資許可の取得、対象会社の取締役会・株主総会決定など、様々な手続きが必要になると考えられます。このような手続きには相当なコストと労力がかかりますが、それを怠って取引完了が遅滞すれば、売主は得るはずだった売却資金を、買主は新たな対象会社株式を手に入れることができなくなるかもしれません。

そこで、それぞれの手続きについて売主と買主のどちらが遂行するかを明文化し、取引実行に向けての双方の義務をはっきりさせ、責任の所在を事前に明確化することによって当事者たちが取引完了に向けて行動するように仕向けます。そして、それらの手続き完了を株式譲渡取引実行の条件とすることで、売主と買主がアクションを起こすよう担保するのです。この条件のことを前提条件と呼びます。なお、株式譲渡契約については第5章で詳しく解説を行います。

クロージング手続き

SPAが締結され、当事者が株式譲渡取引のための必要手続きを完了すると、いよいよクロージング（Closing）となります。クロージングとは、株式譲渡取引の実行そのものを指し、この実行をもってM&Aが完了します。クロージングでは、売主と買主またはそれらの代理人が一同に会して取引完了を見届けますが、どのような形で進められるのかを見ていきましょう。

まず、クロージングに向けて取引遂行（株式譲渡と対価の支払）に必要な条件（前提条件）が充足されているかを確認します。例えば、株主変更に関する融資銀行の同意書、監督官庁交付の投資許可証、売主・買主・対象会社の取締役会議事録などを用意し、双方がそれぞれの書類が適切なものか、取引を実行するに足るものなのかを一つ一つチェックします。数が多くなれば、それだけ時間がかかるため、取得できたものから順次確認し、クロージング前には最終確認をするだけの状態にすることもあります。

通常、必要となる書面はエスクロー（第三者寄託）に交付され、そこで売主・買主双方の弁護士がその書面の確認をします。エスクローとは、売主・買主ではない中立的な第三者の管理下にある第三者寄託のことです。その第三者をエスクローエージェントと呼びます。

これらの条件が充足されていることが確認できると、次は譲渡対価の支払となります。買主はSPAで定めた譲渡金額をその場で売主口座に振り込みますが、クロスボーダー取引の場合、ある国の口座から別の国の口座へ振り込みを行う際、即時に着金せず時間を要することがあります。クロージングは、事前に日程を決めることが一般的であるため、当該国の口座を事前に開設するほか、送金時間を逆算して早めにプロセスを始めておく必要があるかもしれません。ただし、早めに入金手続きをする場合、クロージングの条件が整っていない段階で売主が譲渡代金を引き出すリスクに留意しなければなりません。

そのようなことのないように、通常資金授受の手続きもエスクローを通じて行われます。買主はエスクローエージェントのエスクロー口座に株式譲渡代金を払い込み、エスクローエージェントがその資金を管理します。株式譲渡契約で売主と買主が合意した株式受渡し条件が満たされた場合に、売主はエスクロー口座から資金を引き出すことができ、資金の授受が完了します。

売主が入金を確認すると、いよいよ株式の移転が行われます。この際には、株券の引き渡し、株主名簿の書き換え、登記手続きなどが行われますが、こちらについても適切な処理であること、法的に買主が株式の所有権を有することになることを弁護士などに確認しながら進めます。これらと同時に、対象会社の臨時株主総会などを開催し、株主変更やそれに伴う取締役・役員の選任手続きを行い、形式的にも実質的にも買主が株主になる作業が進められます。これらすべての手続きが終われば名実ともにM&Aが完了したことになります。

COLUMN 適正な株式譲渡価格を「市場に聞いてみる」

「この株式譲渡価格（事業価値）は適正なのか？」という疑問はM&Aにつきものです。特に入札案件となれば、買収提案時には、提示価格が他の入札者より低いのではという不安に駆られる一方で、落札したいあまりに高値掴みをしようとしているのではないかと心配になることも少なくありません。

そのような疑問を抱いた際、適正価格を知るために「市場に聞いてみる」という手段があります。インフラプロジェクトはそのほとんどが非上場会社ですから、当然ながら対象会社そのものの評価を知ることはできません。しかし、類似案件がどの程度の価格で取引されているかを知ることで適正価格を推し量ることは可能です。

バリュエーション手法のひとつとしてマルチプル法または類似会社比較法という手法があります。これは類似会社の事業価値がEBITDAや売上高などの指標の何倍かを計算し、その倍率を対象会社にあてはめて、適正な事業価値つまり株式譲渡価格を推算する方法です。上場企業の株式売買において「買いか売りか」の参考とされるPERやPBR比較と同じ類のものです。

この手法を用いるためには、類似企業の取引データが必要ですが、世の中ではインフラプロジェクトを含む様々な資産が取引されており、その分だけ取引データが蓄積されています。そのようなデータを取り扱う業者やデータベースが存在していますし、Web上に公表されているものだけでもそれなりの情報は集められるはずです。

こうして類似会社と比較した結果、デューデリジェンスを通じたバリュエーションの結果と乖離があることも稀ではないでしょう。だからといって、自分たちの評価を直ちに覆す必要はありません。類似企業であっても対象会社と全く同じものではありませんし、何か決定的な違いがあるはずです。その違いが何か、それがもたらす事業価値への影響が何なのかを解明した上で、やはり評価結果が正しいのか、それとも問題がありそうなのかを判断すべきです。

個人そして組織として適切にデューデリジェンスを実施し、定められた評価方法に則って算出した結果であれば、それが適正な価格であるはずです。同時に価格を「市場に聞いてみる」ことで、評価の妥当性に対する自信に繋げる、あるいはデューデリジェンスの不足を見つけることができるでしょう。

第 4 章

デューデリジェンス

SECTION 1

デューデリジェンスの概要

第4章では、本格デューデリジェンスの目的とその実務がどのように進められるかを解説します。入札での本格デューデリジェンスは、売主から開示される詳細情報や買主が自身で調査して得た事実などをもとに、対象会社や対象会社のインフラプロジェクトに潜んでいるリスクを洗い出し、そのリスクが一体何なのか、またどの程度のインパクトを持つのかを精緻に分析することです。その上で、当該リスクが回避・対処可能かを評価し、回避・対処不可能な場合はキャッシュフローモデルの前提を変更しバリュエーションを引き下げて株式譲渡価格の下方修正を図る、または株式譲渡契約の売主の補償条件にすることによって、リスクをなるべく回避することになります。

本章では電力インフラプロジェクトのM&A案件を想定して、法務・技術・マーケット・財務・税務・保険の各分野における本格デューデリジェンスの目的や手法について説明します。インフラプロジェクトに固有な各分野の本格デューデリジェンスのポイントを整理すると図表4-1の通りとなりますので、この内容に沿ってポイントを解説します。本章では本格デューデリジェンスを「デューデリジェンス」と呼ぶことにします。

なお、図表4-1のデューデリジェンスの分野とその内容は一般的なインフラプロジェクトで共通して実施されますが、昨今の社会的関心の高まりもあり、案件によっては「その他」に記した環境や人権デューデリジェンスなども実施します。

図表4-1　デューデリジェンスの分野と実施内容

項目	アドバイザー	インフラプロジェクトの 本格デューデリジェンス内容
法務	弁護士	1　既存株主との関係 2　プロジェクト関連契約 3　法令順守・許認可取得 4　紛争・訴訟状況
技術	技術 アドバイザー	1　設備の健全性 2　設備の運用体制 3　キャッシュフローモデルの前提条件
マーケット	マーケット アドバイザー	(発電事業の場合) 1　電力需給の考え方 2　マーケットアドバイザーとの議論
財務	監査法人（会計）	1　通常の事業活動による収益力 2　運転資本の算定
税務	監査法人（税務）	1　税務コンプライアンス状況の精査 2　税務ストラクチャリング 3　キャッシュフローモデルの税務監査
保険	保険アドバイザー	1　融資契約上の要請 2　リスクコントロール
その他		必要に応じ 環境、知的財産、人権、コンプライアンス（不正・汚職)、カントリーリスク、レピュテーションに関するデューデリジェンスを実施
FA	FA (Financial Advisor)	各コンサルタントの報告のとりまとめ、キャッシュフローモデル作成 各種対応方針や売主との交渉戦略の策定

各分野の解説に入る前に、図表4-2に示すデューデリジェンスの詳細プロセスについて押さえておきましょう。

まず対象会社を評価するにあたり、デューデリジェンスの範囲や調査する重点箇所を定めます。デューデリジェンスの方針が決まれば、第3章SECTION 7の図表3-9でも解説したように、社内チーム組成および社外のアドバイザー選定を含めたデューデリジェンス体制を構築します。

社内外の体制が整うと、アドバイザーとTOR（Terms of Reference：調査の進

図表 4-2　デューデリジェンスの詳細プロセス

デューデリジェンスのプロセス	内容
デューデリジェンス方針の決定	対象会社のデューデリジェンスの範囲および問題点となるデューデリジェンスの重点箇所を決定する
チームの組成	デューデリジェンスの項目（法務、技術、マーケット、財務、税務、保険、キャッシュフロー）などのチームを社内に組成
アドバイザーの選定	候補アドバイザーへの声掛け プロポーザルの受領 アドバイザーの決定 秘密保持契約締結
アドバイザーの TOR の確定	アドバイザーとのキックオフミーティングでTOR（業務委託内容＝調査範囲や調査重点箇所の指示、報告スケジュール）を決定
IRL の作成	開示を求める資料を一覧化して売主へ提示
アドバイザーとの情報共有	バーチャルデータルームへのアクセス権を付与
アドバイザーの中間報告書受領	アドバイザーから中間報告書を受領 （中間報告書とはいえ、アドバイザーとしては特に追加調査の必要性がなければ、そのまま最終報告書とするので注意）
中間報告書のクラリフィケーション	中間報告書のうち、特にレッドフラッグ、イエローフラッグについては、内容確認と質疑を行う
アドバイザーへの追加調査の依頼	新たな追加調査項目を依頼する
デューデリジェンス結果のとりまとめ	アドバイザーの最終報告書をもとに自社内のデューデリジェンス結果をまとめ、株式譲渡価格の算定、および株式譲渡契約への反映を検討する

め方や報告スケジュール）を決定します。この際、入札の各プロセスと社内決裁スケジュールについてもアドバイザーと共有した上で、中間報告、追加調査、最終報告のタイミングを設定することが重要です。

デューデリジェンス作業に入る前には、売主へ IRL（Information Request List：情報要求リスト）を提示し情報開示を求めます。買主および買主のアドバイザーはバーチャルデータルームへのアクセスが許可されます。

アドバイザーは、データルーム経由で入手した資料やデータを精査し、リスク評価結果を中間報告書にまとめて提出します。デューデリジェンスでは対象会社はもちろんのこと、対象会社を取り囲む関連当事者（株主、融資銀行、取引先など）や関連当事者との契約や取引内容に潜んでいるリスクを洗い出します。各アドバイザーは、それぞれの視点から関連情報を専門的に分析し、その調査結果を買主各チームへ中間報告書を通じてフィードバックします。

中間報告書は、アドバイザーの発見事項が一覧化されており、その内容に応じてレッドフラッグ（M&Aの中止を検討しなければならない問題）やイエローフラッグ（レッドフラッグほどではないが対象会社の価値を棄損しうる問題）、グリーンフラッグ（問題はないが留意すべき事項）などが付されます。買主各チームはそれぞれのリスクの内容を確認後、必要に応じ追加調査をアドバイザーに指示すると、その追加調査結果を踏まえてアドバイザーから最終報告書が提出されます。

買主各チームはアドバイザーの報告書から調査内容を精査し、そこでの発見事項の重要性や影響度合いを評価の上、対応が必要となる箇所を買主のキャッシュフローチームと法務チームへ報告します。キャッシュフローチームと法務チームは、それぞれFAと弁護士とで連携しながら、発見事項をバリュエーションに反映させるか、株式譲渡契約にてリスク回避を図るかを決め、その方針に従って、FAがキャッシュフローモデルを修正し、弁護士が株式譲渡契約への反映を行います。

SECTION 2

法務デューデリジェンス

法務デューデリジェンスは、対象会社の法的リスクを分析することです。ここでは、**1 既存株主との関係**、**2 プロジェクト関連契約**、**3 法令順守・許認可取得**、**4 紛争・訴訟状況**の視点から説明します。

1　既存株主との関係

法務デューデリジェンスを実施する上での視点の1つが対象会社の既存株主や株主間の関係を法的側面から分析することです。M&Aそのものは売主と買主の間だけで取引（株式譲渡）が行われますが、株式譲渡が完了した後は、買主は既存の株主と共同出資者になります。既存株主と買主双方が市場に対して大きな影響を持つ会社である場合や、規制事業を営む会社である場合は、既存株主と買主による共同事業を通じ市場での支配力が高まり競争を制限するため、独占禁止法や不正競争防止法への抵触などが懸念されます。

また、既存株主のプロフィールやバックグラウンドを調べた際、既存株主の戦略が買主とあまりにも異なる場合は、対象会社の事業運営において株主間で軋轢が生まれることが懸念されます。このように、売主以外にどのような既存株主がいるかを調査することで、M&Aの遂行そのものに影響するリスクやM&A完了後に買主が思い描く事業計画が実行できないリスクが分かってきます。

既存株主の調査と合わせて、対象会社の株式に付随する権利を確認する必要があります。株式に付随する権利には、株主総会における議決権や配当金などの利益分配を受領する権利などがあります。普通株式のみが発行されていれば、1株当たりの議決権や分配受取権は同じですが、種類株式も発行されていれば、その株式保有者に与えられる権利は普通株式とは異なります。

種類株式には、特定の決議にしか参加できない、または1株当たりの議決権が普通株式より少ないという議決権の制限がある一方、他の普通株株主よりも優先的に配当を受領できる権利（優先配当権）などが付与されることがあります（この観点から優先株と呼ばれる場合があります）。このような種類株式を買主が取得するのであれば、種類株式から得られる議決権や配当受領権を評価すればよいのですが、既存株主のみが種類株式を保有している場合には注意が必要です。

例えば、トラブルによって発電所設備の修理が必要となり収益が想定以下となった場合に、最終利益のすべてが優先配当権付きの種類株式を保有する既存株主のみに配当され、種類株式を保有しない普通株主の買主は1セントも配当を受領できないことが考えられます。普通株式、種類株式の地位の差が株主間の利害関係を生むわけです。

なお、このような株主間の権利関係を調査するために、株主名簿、定款のほか、株主間で会社運営のあり方を定めた株主間契約などを精査します。対象会社を評価する際、当然に売主から開示される資料ですので、早い段階で確認しておきましょう。

2　プロジェクト関連契約

次の視点は対象会社が締結中のプロジェクト契約を法的側面から分析することです。インフラプロジェクトは事業運営に必要となる様々な契約を締結しています。発電プロジェクトで言えば、電力販売契約、燃料供給契約、土地売買あるいは土地賃借契約、業務委託による日常運転保守サービス契約、主要機器の長期保守契約、融資契約など、発電所を適切に運営するために必要なリソースやサービスを確保することを目的として各種契約が締結されています。これらの契約内容を精査することで、対象会社が持つ権利と対象会社が負う義務が明らかになりますが、法務デューデリジェンスでは、そこにリスクが存在しないかを確認します。

例えば、電力販売契約では、発電して契約相手に電気を売る義務を負い、その対価として電気料金の支払を受ける権利を持ちますが、売電にあたって毎月一定量以上の発電をする条件が義務として課されることが多いです。この場合、トラブルなどで発電できなかった際、売電収入が得られないのみならず、契約条件によってはペナルティの支払を求められるというリスクがあります。

そのほかの例として、電力販売契約の契約期間が20年間であるのに対し、日常運転保守サービス契約が15年間しかない場合、残り5年間の日常運転保守サービス契約の契約相手である代替オペレーターが必要となります。もし15年後に代替オペレーターが見つからないと、発電不能となり電力収入が得られなくなる可能性があります。また既存のオペレーターと契約を延長できたとしても、サービス契約の単価が引き上げられ、対象会社の利益が減少するあるいは赤字になるというリスクもあるでしょう。

このように事業期間を通じて、対象会社が何（ここでは電力）を提供する義務を負い、その義務を果たすために必要な各種契約がどのように担保されているかをチェックしていかなければなりません。

また、それぞれの契約について、M&A実行後も契約の効力が維持されるのかという点も確認すべきポイントの1つです。インフラ事業は、社会経済活動の基盤となる事業であり設備規模も大きいことから、操業が一旦停止すればその社会的な影響が計り知れないものとなるビジネスです。したがって、そのインフラ事業のサービスを享受する契約相手（ここでは電力販売先）は、対象会社が適切にインフラ事業の運営を行えるかに関心を持ちます。また融資を行う金融機関は、事業からの収益で借入金が予定通り返済されるか、という点に注目します。

そのため、対象会社の契約相手や融資を行う金融機関は、対象会社の株主に変更がある際にその異動についての事前通知を行う義務を対象会社に課す条項や、契約相手や金融機関がプロジェクト契約を解除できる条項をプロジェクト契約の中に設けることがあります。このような条項をチェンジ・オブ・コントロール（COC）条項と呼びますが、このCOC条項が存在する場合、M&A実行後に契約が解除される、そもそもM&Aが認められない、という可能性があります。

したがって、プロジェクト関連契約を精査する際には、COC条項の有無を確認するとともに、株主の変更がある場合、新たな株主がどのような事業者であれば適格とみなされて、それをどのように契約相手方に事前通知する必要があるかという点について調査する必要があります。

3　法令順守・許認可取得

対象会社が法令を順守し許認可を適切に取得しているかについての分析も法務デューデリジェンスを行う上での重要な視点の1つです。法令順守や許認可取得の状況調査では、株式譲渡取引自体を断念せざるを得ないようなリスクが発見される可能性があります。もし対象会社が法令違反を犯していたり、許認可が未取得であったりした場合、操業停止などの行政処分を受けたり、罰金を科されたりすることから、事業価値が損なわれるケースが少なくありません。

調査の第一歩として現時点で違反や未取得がなく、かつその恐れがないかを確認します。このような事実を確認するには売主に説明を求めることも必要ですが、客観的な証拠として、裁判履歴データベース、行政処分の一覧などをチェックするとともに、事業会社が公的機関から受け取った通知・指示や公的機関へ提出した書類などを慎重に確認しなければなりません。許認可についても、その事業を遂行するために通常必要となる許認可をリストアップし、それらが遺漏なく取得かつ更新されていることを確認します。

なお、もし法令違反や許認可取得の不備などがあったとしても、直ちに対象会社は買収に適さないという判断がなされるわけではありません。手続き漏れという軽微な問題であって、プロジェクトの収益性に影響を与えるような制裁が課されない場合は、リスクは限定的と判断できるでしょう。また環境汚染物質の排出基準違反という重大な法令違反が過去にあったとしても、それがプラントの操業ミスによるもので操業システムの改修により再発防止策が講じられている、または排出基準違反は機器メーカーの責任による設備不良が原因で対象会社の費用負担なしに設備改修済である、というケースであれば、過去の影響のみを評価すればよく、将来同様の法令違反で操業停止に陥るという懸念は払拭できます。

このように法令順守・許認可取得を調査する場合は、網羅的にリスクがないかを調査し、問題を発見した場合は、その内容や深刻度合い、今後の再発可能性などを評価した上で、どの程度の影響を与えるリスクとなりうるかを慎重に精査していかなければなりません。

4　紛争・訴訟状況

4つ目の視点として対象会社の抱える紛争・訴訟の分析があります。上述の**3 法令順守・許認可取得**と内容が似通っていますが、対象会社が第三者との紛争を抱えていないか、訴訟係属中でないか、を確認します。

もし対象会社が現在紛争・訴訟を抱えている場合は慎重な調査が必要です。所在国や紛争・訴訟内容によっては敗訴や和解などで高額な損害賠償が求められ、事業利益の太宗が賠償金に充てられることもあり得ます。一方で素人目には協議や審理の状況が非常にわかりにくく、万一の賠償金の規模の評価が難しい面がありますので、現地法や過去の判例に精通しており、判例データにアクセスできるローカルの弁護士事務所などを巻き込んで調査する必要があるでしょう。

また、現時点で係争中の紛争・訴訟などがない場合でも、過去に発生した紛争・訴訟を把握する必要があります。それらはすでに解決済であっても、違う視点からの訴えを起こされたり、別の当事者が過去と同様の訴訟を提起したりするという可能性もありますので、そのようなリスクも含めて評価が必要となります。

5　法務アドバイザー選定のポイント

法務アドバイザーである弁護士は、法務デューデリジェンスにおいて法的なリスクを多面的かつ専門的に調査する必要があります。また各分野のデューデリジェンスの結果を踏まえて、株式譲渡契約の条文を作り上げていく役目もあります。したがって、法務アドバイザーはM&Aへのアドバイス実績のある法律事務所などに委託することになるかと思います。選定の際はプロジェクト所在国の法体系、規制、判例にも精通しているか、またはその適性のあるローカルの弁護士事務所と提携しているか、という視点も含めてアドバイザーを選定することが重要になります。

SECTION 3

技術デューデリジェンス

技術デューデリジェンスとは、対象会社を技術面から評価することです。インフラプロジェクトはサービスを提供するために巨大な機械設備を必要とすることから、**1 設備の健全性**や **2 設備の運用体制**などを確認します。また、技術デューデリジェンスでは、**3 キャッシュフローモデルの前提条件**の精査も行います。

1　設備の健全性

インフラ事業に求められる役割は、社会経済活動に欠かすことのできない基盤を常に維持することです。同様に、インフラ事業において収益を上げるためには、その役割を果たし続ける、つまり設備を安定的に稼働させ物やサービスを提供し続けられる状態を維持しなければなりません。

そこで技術デューデリジェンスでは、対象会社で使用されている設備にトラブルや事故が発生していないかを確認します。過去のトラブルについては、社内報告書や根本原因分析（RCA：Root Cause Analysis）が作成されていることが多いので、その内容を確認して、どのようなトラブル事象であったのか、どのような対策（再発防止策）が講じられたのかを調査して、同様のトラブルの再発リスクを評価します。

売主は過去のトラブル事例を積極的には開示しないこともあります。しかしながら、操業状況を報告する定期的なレポートの中で、トラブル事象が言及されている場合がありますし、運転データを追っていけばトラブルの形跡を発見できるかもしれません。過去のトラブルに関する情報を得るためには、このようなレポートやデータを丁寧に確認して糸口をつかむことが大事です。

また、過去のトラブルを調査するという直接的なリスク精査の手法のほかに、間接的にトラブルの可能性を評価することも可能です。例えば、電力案件ではタービンが最も重要な設備となりますが、対象会社で採用しているタービンのメーカー、型式、製造年、発電効率という基本情報を確認し、同型のタービンを使用している他の発電所で何かトラブルが発生していないか、またタービンメーカーから不具合情報（リコール）が発出されていないかなどをチェックします。こうすることで対象会社の潜在的な設備停止リスクを洗い出すこともできます。

2　設備の運用体制

インフラ事業の安定稼働のためには、設備そのものを健全に保つだけでなく、需要に対して設備を適切に運用できなければなりません。そこで、技術デューデリジェンスでは、その運用体制の整備状況も確認します。

海外の発電プロジェクトでは、事業会社自身で運転要員を雇用する方式（インハウス）で発電所を操業しているケースは少なく、専業の事業者（オペレーター）と日常運転保守サービス契約を締結し、運転保守業務を外部委託している場合がほとんどです。この場合、発電所設備を安全かつ安定して操業できるかは、この委託先の能力に依拠しますので、委託先の経験を確認します。委託先における発電プラントの運転保守事業の継続年数や実績件数が多いほど良く、その中でも買収対象会社の発電プラントに類似する発電プラントの操業実績がどの程度あるかが重要です。発電方式、発電所の所在地・経年、設備の構成や機器メーカーなどの要素において共通項があればあるほど信頼度が上がっていきます。

また、日常運転保守サービス契約自体についてもしっかり確認しなければなりません。委託先が能力や経験を保有していたとしても、買収対象会社へのサービス提供において、その能力や経験を十分に活用できるような契約条件となっていなければ意味がありません。例えば、派遣される人員数は発電所の規模に対して妥当か、発電所運営において通常必要とされる業務が委託スコープでカバーされているか、トラブルが発生した際の追加派遣などの支援体制は用意されているか、という点を確認する必要があるでしょう。

加えて、報酬体系も1つのポイントになります。委託先のパフォーマンスは発電所の収益を左右する要因にもなりますが、委託先の報酬が固定額の場合、パフォーマンスの向上や改善のモチベーションは期待できないかもしれません。稼働率、利用率、計画外停止率という設備運用上の指標を用いて、基準値を上回った場合は報酬を加算し、下回った場合は報酬を減額するというインセンティブ型の報酬制度が導入されていれば、委託先が安定運転に向けて取り組む環境が作られやすいでしょう。

3　キャッシュフローモデルの前提条件

このような操業リスクの評価に加えて、技術デューデリジェンスはバリュエーションでも大きな役割を果たします。第3章において、バリュエーションは将来の想定事業計画であるキャッシュフローモデルを用いて算出すると説明しましたが、このキャッシュフローモデルの前提条件の精査も技術デューデリジェンスの中で行われます。

繰り返しになりますが、インフラ事業は大規模な設備資産を必要とするビジネスであり、設備の性能やパフォーマンス、維持管理・修繕コストが事業の収益性に大きなインパクトを与えることになります。これらの要素はキャッシュフローモデルの重要な前提条件となるため、その妥当性が問われることとなります。発電事業で言えば、発電効率の値が過大・過小でないか、運転保守費用は必要十分であるか、修繕計画は適切か、などの視点でチェックしていきます。この際、対象会社の発電設備のスペック（性能・仕様）・メーカー保証値、運転実績データや、他の同等発電所での運転実績などが参考となるでしょう。

また再生可能エネルギー発電では、太陽光発電の「日照時間・日射量」や風力発電の「風況」の過去データおよび、確率分布に基づく発電量予測値がキャッシュフローモデルの根本的な前提条件です。ここでは再生可能エネルギー分野の専門的な技術アドバイザーの支援が必要となります。

技術デューデリジェンスのリスク評価や事業計画精査については、買主自身がインフラ会社であれば、自社で実施可能かもしれません。国内で買収対象プロジェクトと類似の資産を保有していれば、そこで培われた知見やノウハウを用いて技術評価できるでしょう。しかしクロスボーダーM&Aの場合、海外と国内では技術面での各種事情や状況が大きく異なることがあります。例えば、過去のトラブルの再発防止としてどこまでの対策が必要か、発電所の運転員は何名が妥当か、といった点を検討する際には、プロジェクト所在国の技術基準や慣例などを考慮する必要があります。

4　技術アドバイザー選定のポイント

このような観点も踏まえると、技術アドバイザーの選定においては、現地のインフラプロジェクトの運転、保守、運用の実態、ルールなどへの理解という点を考慮しなければなりません。候補となる技術アドバイザーは、M&Aにおける技術支援業務のみならず、インフラ設備の建設工事に係る発注者側の支援や、運転中のインフラ事業への技術的コンサルティングを提供している会社である場合もあります。買収対象プロジェクトの評価実施に相応しいアドバイザーを選定するために、それらの実績や経験も参考にするとよいでしょう。

SECTION 4

マーケットデューデリジェンス

マーケットデューデリジェンスとは、買収対象会社のインフラプロジェクトが所在する市場を分析し、インフラプロジェクトがその市場の中でどのような競争力を持つかを評価するものです。かつてインフラ事業は規制事業でありましたが、日本を含め多くの国では市場の規制緩和が進んでおり、インフラ会社間で競争が存在します。

そのような環境において、対象会社のインフラプロジェクトがどれほどの収益を上げることができるかを想定するためには、そのインフラプロジェクト自体の情報だけでなく、市場の全体像を把握し、競争先とどのような優劣関係にあるのかを考慮に入れなければなりません。また買収後の長期事業計画を立てるためには、対象会社のインフラプロジェクトの競争力が将来的に維持できるのかという評価も必要になります。

以下では、発電事業を前提にマーケットデューデリジェンスの実務について説明します。なお、独立系発電事業者（IPP：Independent Power Producer）が、電力販売先との間で電力販売契約を締結し、電力引き取りが確保され売電単価が固定している場合、マーケットデューデリジェンスは行わず、技術デューデリジェンスで発電量などの検討を行います。このSECTIONでは対象会社が自由化された電力市場で電力を販売する場合、または対象会社が電力市場から何らかの形で影響を受ける場合に行うマーケットデューデリジェンスを解説します。

1　電力需給の考え方

まず発電事業が参加する電力市場で取引される商品は何か、発電事業者として何を売って収入を得ているのかを知る必要があります。国によって細かい仕分けや具体的ルールは異なるものの、専門的になりますが電力量（実際に発電された電力）や、容量（将来の供給力）が電力市場で取引される主な商品です。マーケットデューデリジェンスではそれぞれの商品の需要がどの程度あるのか、それらの商品を供給できる競合先がどれほど存在しているのかを調べ、需要と供給が将来どのように変化していくかを調査していきます。

まず需要面ですが、マーケット全体としての電力需要の多寡が各商品の需要量を決めることになります。多くの電力市場、特に自由化が進んでいる電力市場では、電力需要のヒストリカルデータが開示されており、全体の需要規模のみならず、年間を通じた需要の増減や１日の中での需要変動など、過去の実績に鑑みた市場の特性を知ることができます。

一方で、将来の電力需要見込みについては、数年先までの大まかな需要予測はあるものの細かい想定データなどは公に存在しませんので、様々な情報ソースなどから想定を立てていくことになります。電力需要は一般的に人口増加や経済成長などと共に増加すると考えられますが、それらのマクロ経済指標は様々な機関から予測が出されています。過去の電力需要と各マクロ経済指標の相関係数をもとにして将来の電力需要を計算するという手法が一般的です。また電力市場の運営者や電力業の管轄官庁などの公的機関は、数年先までの年単位の需要想定とその想定のバックグラウンドや考え方を公開していることがありますので、そこから電力市場での需要の増減要因を見出し、長期需要見通しを想定する方法もあります。

供給面の調査は、どのような発電所がどの程度の規模で、対象会社と同じ市場へ電力を販売することができるのかを精査することになります。需要面と同じように、過去・現在にどのような発電所が稼働し、どれほど電力を市場へ送ってきたのかというデータは存在します。

問題となるのは、将来どのような発電所が新設され市場に参入し、どの発電所が老朽化により閉鎖され市場から退出していくのかを想定することです。足元の数年先までであれば、発電事業者によるプレス情報、市場運営者が公開する計画案件の情報、報道情報などを調べて、発電所の参入や退出をミクロ的に見通すことが可能です。

しかしより長いスパンでの供給力を想定する場合には、マクロ的な情報を参考にします。例えば、国や政府は将来の電源構成やエネルギーミックスの目標を立てて、それをもとに電源開発計画などを公表しています。また、昨今のカーボンニュートラルの潮流を受け、再生可能エネルギーの導入目標や、火力発電所の廃止目途など、発電方式別での供給見通しが立てられていることもあります。このような情報をもとに、5 年後、10 年後、20 年後に市場に参加する発電所の構成がどのようになるかを幅広い視野で想定する必要があります。

2　マーケットアドバイザーとの議論

市場というパイが将来どの程度大きくなって、そのパイを誰がどの程度取り合うのかを調査することがマーケットデューデリジェンスの第一歩です。しかしながら、これらの電力需給見通しは概括的な把握でしかなく、買収対象会社の将来事業計画つまりキャッシュフローモデルを作成するには、より細かい分析とシミュレーションが必要になってきます。このマクロ的な将来市場分析と、買収対象会社の電力販売収益というミクロ的な想定の間をつなぐのがマーケットアドバイザーの役割となります。

マーケットアドバイザーは、将来の電力市場の需給動向を予測するとともに、様々な前提を置いたときに、需要がどのように動いて、個々の発電所がどのように稼働し、その時々の需給バランスから導かれる市場価格がどのようになるかをシミュレーションする「独自の分析ツール」を持っています。買主がこのようなツールを保有していればマーケットアドバイザーは必要ありませんが、多くの場合マーケットアドバイザーの分析ツールに頼ることになるでしょう。

このツールはアドバイザーのノウハウであるためブラックボックス化されていますが、そのシミュレーションの前提条件は買主側で決めることが可能です。マーケットアドバイザーは当該分野の専門家でありますので、マクロおよびミクロの視点で長期的な市場分析を行っているため、対象会社の買収に適切な前提条件を提案してきます。しかしリスクマネーを投じて投資を行うのは買主自身であり、投資決定をするにあたって、どのように電力市場の将来を見通しているかを買主の社内で論理的に説明する必要があります。アドバイザーからは様々な視点での情報提供やアドバイスを受けながらも、最終的には買主自身で電力市場を分析して、買主としての見解を持つことがマーケットデューデリジェンスにおいて重要なポイントです。

M&Aでは、得てしてバリュエーションに直接影響するマーケットアドバイザーの分析結果（市場価格等）が着目されますが、その前提の確からしさを見誤ってはなりません。買主自身が市場の仕組み、特徴、特性、将来動向についてしっかりと調査し、マーケットアドバイザーにもしっかりと根拠を示させた上で、議論を進めるよう留意してください。

SECTION 5

財務デューデリジェンス

財務デューデリジェンスの中心となる作業は、買収対象会社の本来の稼ぐ力と株式譲渡後に発生する可能性のある財務面のリスクを評価することです。対象会社の財務三表（賃借対照表、損益計算書、キャッシュフロー計算書）を分析すれば、経営状況や財務内容を一定程度把握できるという考え方もありますが、財務三表は一定期間の中で積み重ねられた損益の合計や決算期という一時点での財務状態を表すに過ぎません。

インフラ事業は日夜営まれているものであり、日々の浮き沈みを経た結果が集約されて財務三表に表現されていることに留意することが必要です。ではインフラプロジェクトのM&Aにおける財務デューデリジェンスでは、どのような視点でリスクを調査するのでしょうか。ここでは **1 通常の事業活動による収益力**、**2 運転資本の算定**という2つの視点から説明します。

1　通常の事業活動による収益力

対象会社の本来の稼ぐ力はどの程度なのかを見定めるためには、財務三表を把握することが第一歩です。ブラウンフィールドのプロジェクトの場合、過去の操業実績が財務三表に現れているはずです。プロジェクトの将来事業計画の一番簡単な策定方法は、将来の収益・費用・利益などを過去実績と同一に想定することではないでしょうか。売主が作成するキャッシュフローモデルも同様に過去実績の延長という考えのもとで策定されているケースが多いです。もちろん過去実績は、将来想定をする上での参考指標になりますが、その過去の実績値が通常の事業活動によって積み上げられているものなのかどうかという点に留意しなければなりません。

財務三表に現れる数値が通常の事業活動によるものではない例を考えてみま

す。1つ目の例は、ある発電プロジェクトで、将来の設備の拡張のために土地を確保していたものとします。ところが電力販売契約に合意できなかった、あるいは設備資金調達の目途が立たなかった、などの理由により拡張計画を断念したため、この遊休土地を段階的に売却し、幸いにも売却益を計上できたとします。これによって、土地を売却した年度の利益は膨らみ、キャッシュインも多くなりますが、通常の事業活動によるものではないため、事業の稼ぐ力を評価する上では取り除かなければなりません。

また2つ目の例として、電力販売契約において一定量の電力を相手へ販売することを前提に、事前に一定額の電力料金を販売先から受領し、実際の売電実績に応じて後日精算するという取り決めがあったとします。一見、売上を計上する時期が前倒しになるだけにも思えますが、実質の売上は発電所の稼働実績次第であり、事業の稼ぐ力の実態を把握するためには、売電実績による精算結果も含めて評価しなければなりません。

前者では、損益計算書において土地売却益が特別利益として計上され、キャッシュフロー計算書において土地売却対価が投資活動によるキャッシュフローとして有形固定資産の売却における収入に計上されるので、特殊な取引だとすぐに分かるでしょう。後者のケースでは、決算時に前受収益が賃借対照表の負債に計上される一方で、キャッシュフロー計算書では前払いの電力料金を受領した期の営業キャッシュフローに正の値で計上されることとなります。このキャッシュインはあくまで前受けであって、もし機器トラブルなどが発生して契約通りに売電できなかった場合には、電力料金の払い戻しやペナルティという形でキャッシュアウトになる可能性があります。

このように、発生した事象や取引とその会計処理の繋がりが解明できていれば問題はないのですが、財務三表の数値だけを追っていると、取引実態の把握が難しいことがあります。財務三表の諸元となる取引や事象を会計帳簿から読み解いて、平常時の事業運営で計上される収益・費用・利益がどの程度であるかを精査することが財務デューデリジェンスのポイントであり、その精査ができれば将来事業計画の確からしさを評価することが可能となります。

2　運転資本の算定

財務デューデリジェンスにおける次の視点は、運転資本（ワーキングキャピタル）の見極めです。運転資本とはプロジェクトが日々の事業活動を継続するために必要な手元資金のことです。一般的なインフラプロジェクトでは、売上金が月1回入金され、そこから様々な支出に充てていきますが、キャッシュの出入りのタイミングによって一定の手許現金を確保しておく必要があります。

例えば火力発電所では、収入と支出に季節性の要素があり、夏冬に電力需要が増え稼働率が上がると売電収入も燃料費も増加しますが、春秋は相対的に電力需要が下がりどちらも少なくなります。もし売上が2か月遅れで入金されるのに対し、燃料費が1か月後支払となっているとすれば、この1か月間のギャップ（特に夏冬のピーク時のギャップ）を埋められる資金を手元に残しておかなければなりません。そのほかにも、保守契約の年間一括支払や従業員のボーナス支給、四半期ごとの融資元利支払など、月々で平準化されていない支出があれば、そこに資金のギャップが生じないかを考慮しなければなりません。太陽光や風力、水力などの再生可能エネルギー発電では燃料費が必要ありませんので、運転資本は相対的に少なくなります。

複数プロジェクトを傘下に収めるような規模の大きい会社であれば、他の事業の余剰資金を融通し合うことができますが、単一プロジェクトを営む対象会社はそうもいかないため、月単位での資金繰りを精緻に検証していく必要があります。もし資金繰りがマイナスとなる場合は、運転資金を借り入れる必要がありますので、金利コストが発生します。また、運転資本は余剰資金の中からプロジェクトの手許に置いておく必要がある資金で、配当可能原資には充当できないものです。買主は、将来得られる配当をベースに事業価値を評価（バリュエーション）しますが、運転資本をどの程度に見込むかによって毎期の配当額が変わってきますので、バリュエーションに影響します。

3　財務アドバイザー選定のポイント

財務デューデリジェンスは、簿外債務、偶発債務、保証債務など、未計上の潜在債務の把握、含み損の損失顕在化の可能性の洗い出しなど、ネガティブな要素を発見するものと見られがちです。インフラプロジェクトの財務デューデリジェンスは、財務三表のみならず、管理用会計帳簿や取引の諸元、各種契約の詳細までを把握したうえでインフラ事業の実力を測る作業であり、会計に関する専門知識のみならず、事業の特性や収益構造を熟知している必要があります。財務デューデリジェンスのアドバイザー候補は、監査法人や公認会計士事務所となりますが、買収対象事業に関する業務実績や現地の会計基準への精通度合いを考慮に入れて選定する必要があるでしょう。

SECTION 6

税務デューデリジェンス

税務デューデリジェンスは対象企業の税務に関する調査です。税務デューデリジェンスでは、リスク評価の観点から**1 税務コンプライアンス状況を精査**し、バリュエーションの観点から**2 税務ストラクチャリング**の検討と、**3 キャッシュフローモデルの税務監査**を行います。それぞれについて解説します。

1　税務コンプライアンス状況の精査

M&Aにおける税務リスクとは、対象会社の買収完了後、買収前の事象に起因して追徴課税などが発生して配当や利益が想定より減ることです。そのリスクの有無やインパクトを明らかにするためには、過去に税金の不払や滞納がないかなど、納税状況を確認していく必要があります。

税務コンプライアンス状況は税務関係資料を確認することから始まります。税務申告書では課税所得額、各種税控除額、納税額などが分かりますが、その評価には税務申告書のバックデータとなる税額計算書類の確認が必須となります。この税額計算書類によって納税額の計算方法に誤りがないか、税務上の規則・ルールに反した扱いがなされていないか、期日通りに納税されているかなどを確認します。もしそこで違反が発見されれば、税務上のリスクになります。

違反については、単純な計算ミスによるものもあれば、税制ルール改正に対する認識不足によるもの、意図的な税逃れなど、その原因には軽重があり、判明時に追納するだけで済むのか、追徴課税も課されるのかを見極めて、税務リスクの影響額を評価します。この税務リスクの特質を踏まえた上で、そのリスクを織り込みバリュエーションを減算するのか、株式譲渡契約における表明保証にして補償を求めるのか、という検討を行います。

2 税務ストラクチャリング

クロスボーダーM&Aは、その名の通り、ある国の企業が別の国の企業を買収することですが、それぞれの国における税制は異なり、会社形態によっても課税制度は違ってきます。クロスボーダーM&Aにおける税務ストラクチャリングとは、対象会社の買収および買収後の運営において、関係する各国の税制を踏まえた上で、税務上のコストやリスクが最小化される買収・出資形態を組成することです。以下、コスト面からの検討とリスク面からの検討の例をそれぞれひとつ挙げてみます。

税務コストの最適化のためには、一般的に租税条約の活用が検討されます。クロスボーダーM&Aや海外投資の目的は、投資先事業から生じる利益や配当を享受することですが、その利益や配当を直接的に減じるのが税金です。もちろん税金自体は、当該国の法律・ルールに沿って適切に支払わなければならないものですが、投資先国において事業の利益に対して課税された上で、投資元の国でも当該事業から受け取った配当に対して課税されると不公平が生じます。

この二重課税の問題を解決する仕組みとして、同一の課税原因に対する同種の課税を排除する2ヶ国間の取り決めである租税条約が締結されている場合があります。株主の立場としては、税務コスト低減のためにはこの租税条約を活用したいところですが、対象会社の所在国が日本と租税条約を締結していない場合があります。そこで、所在国と日本のそれぞれと租税条約を締結している国に子会社を設立し、その子会社を経由して出資を行うストラクチャーを検討します。

ただし、このストラクチャーによる出資形態は、その子会社が事業実態のないペーパーカンパニーと見做された場合などには、CFC（Controlled Foreign Company）税制（タックスヘイブン対策税制または外国子会社合算税制）による合算課税の対象になり、租税条約のメリットを失う可能性が考えられます。そのリスクも踏まえて、どの国のどのような形態の会社を通じて投資するのが税務面で最適かを検討しておく必要があります。

一方、税務リスク面での検討事例として、米国などのパススルー課税があります。パススルー課税とは、事業を行っている会社の利益に直接課税せず、その会社の出資者や株主に対して課税する制度です。パススルー課税の特徴は、納税主体となる法人が、複数のパススルー事業体から引き受けた損益を通算して納税することができるため、課税コストを最適化できることです。

日本からこのパススルー課税を適用する事業に投資する際に課題となるのは、外国税制における納税主体が日本の会社になることです。日本の会社が外国の税務当局に対して納税を行う場合、時差や物理的な制約から税務当局とのコミュニケーションが取りにくいことなどで納税手続きが停滞するという手続き上のリスクが懸念されます。このようなリスクを回避する観点から、買収対象会社の直接株主となる会社を対象会社の所在国に設立して、その会社を納税主体として投資するというストラクチャーにします。

3　キャッシュフローモデルの税務監査

買収対象会社のバリュエーションを行うために、FA がキャッシュフローモデルを作成しますが、FA は税務の専門家ではないため、FA が構築したキャッシュフローモデルを税務アドバイザーがレビューし、税務的観点から税金の計算の適切性を確認します。これはキャッシュフローモデルの税務監査と呼ばれ、税務デューデリジェンスの一環として行われます。

例えば、事業が繰越欠損金を抱えている場合の控除充当上限や、売上税や物品税のように所得税以外の課税、特定業種向けの税制優遇措置、国税と地方税の関係性など、最終的な事業の利益や現金が正しく計算されているかを税務監査でチェックします。税金の計算は非常に複雑になりやすく、誤りがあればキャッシュフローモデルの大幅修正などの手戻りが発生する可能性があります。税務「監査」と呼びますが、完成済のキャッシュフローモデルを後日監査するのではなく、キャッシュフローモデルの作成と同時並行的に進める必要があることに留意してください。

4　税務アドバイザー選定のポイント

このように、税務デューデリジェンスは、対象会社の所在国の税法のみならず、日本の税法や租税条約などの国際的な税務ルールに対する高度な知識が必要となります。したがって、専門的な税務業務をグローバルに展開するような監査法人や税理士法人が税務デューデリジェンスのアドバイザー候補となります。ただし、対象会社が買主のM&Aの経験のある国に所在し、投資ストラクチャーを検討済である場合は、対象会社の税務リスク評価だけを税務アドバイザーの業務委託のスコープとし、大手ではない監査法人を起用してデューデリジェンスの費用を抑えるという選択肢もあると思います。

SECTION 7

保険デューデリジェンス

保険デューデリジェンスは、付保されている保険の適切性や妥当性を評価します。インフラ事業は大規模な設備の使用を前提とする事業であり、売上や費用も大きく、事故や故障が起きた際は多額の損失を被る可能性があります。このようなトラブルが発生した際にも事業を継続するため、その損失を補償する保険を付保することが一般的です。このSECTIONではそれらの保険について、**1 融資契約上の要請**と **2 リスクコントロール**の観点からどのようにリスク評価するかを解説します。

1　融資契約上の要請

インフラ事業のような大規模プロジェクトでは、そのプロジェクト自体から生まれるキャッシュフローを返済原資とする資金調達方法であるプロジェクトファイナンスが活用されるケースが多いです。プロジェクトファイナンスのレンダーである金融機関は、確実に融資が返済されるよう事業の維持と安定運営を求めます。

それゆえに融資契約においては、事業に対し様々な制約や要求を課しますが、そのひとつが保険の付保義務です。設備の故障や操業停止になるようなトラブルの発生は、返済原資の減少に直結しますし、故障の修理やトラブルが解消できずに事業が破綻してしまえば貸付金の回収がさらに厳しい状況になります。そのような事態を回避することを目的に、プロジェクトファイナンスでは故障やトラブルによる損害を補償する保険の付保を義務付けます。

インフラ案件において付保が検討される保険は多岐にわたります。設備に損傷が発生した際の修理費用や物品の再調達費用を補償する財物損害（PD：Property Damage）保険、操業停止期間中の逸失利益を補填する事業中断（BI：

Business Interruption）保険、当事者以外に与えた損失を補償する第三者賠償（TP：Third Party Liability）保険のほか、労災保険や自動車賠償責任保険などが挙げられます。

プロジェクトファイナンスのレンダーは、レンダーが起用した保険アドバイザーなどによって操業中にトラブルが発生するリスクとその影響額を評価し、その影響額をカバーするだけの保険金支払を受けられる保険の付保を求めます。このレンダーの要求を満足する保険を付保していない場合、デフォルトと扱われて債務不履行となりかねませんので、保険デューデリジェンスにおいてはレンダーが要求する付保水準と実際に付保している保険が合致しているかを確認します。

なお、保険の内容を確認する際には、保険金の上限額を気にしがちですが、免責範囲にも注意する必要があります。例えば、財物損害保険では特定の金額基準以下の損失額となる場合には保険金支払の対象としない、または事業中断保険では事象発生からX日目までの逸失利益は補填対象外とするのが免責です。この免責範囲が大きくなるほど保険料は下がり対象会社の負担は減りますが、レンダーは損失補填の範囲が狭まることで、融資が返済されなくなるリスクが高まると考えるため、実際の保険の免責範囲はレンダーが求める免責範囲以下であることを確認します。

2　リスクコントロール

上述の **1 融資契約上の要請**は、融資契約上の要請に従って保険が付保されているかという視点からの評価方法でしたが、融資を完済している場合や、プロジェクトファイナンスを活用せず親会社からの親子ローンで資金調達を行っている場合など、レンダーから付保条件が課されていない場合はどのように保険の付保額を評価すべきでしょうか。

なぜ保険を付保するのかと考えた場合、そこにはリスク回避という視点があるはずです。そのリスクはプロジェクトによって異なります。設備故障という事例で考えてみましょう。もし火力発電所の主要設備であるタービンに故障があった場合、発電所全体が機能しなくなるため、タービンの修理が完了するまで一切操業ができません。一方で、太陽光発電所の場合、大規模な災害でない限り主要設備である太陽光パネルが一度にすべて故障することは考えにくく、一部のパネルが機能しなくなるのみで、発電が完全にストップする事態は滅多にないと想定できます。

このように設備故障が事業運営に与える影響を整理した後、経済的影響を精査します。設備トラブルの際に考えられる主要な経済的損失は、故障の修理費用と故障期間中の収入減です。先ほどの火力発電所と太陽光発電所の例で考えると、前者は大きな設備ですので修理費は高額になり、発電所が稼働せず収入のない期間が数か月単位になると想定されるのに対し、後者はパネル数枚の取り替えであれば多額の出費にはならず、一時的にパフォーマンスが悪化するのみで収入が若干減る程度と想定されます。実務においては、修繕にかかる費用および期間についての技術アドバイザーの見解やキャッシュフローモデルから計算される操業停止中の収入減に基づいて経済的なインパクトを数値化していきます。

このように実際に事業運営に与えるトラブルの影響を数値化することで、保険付保の必要額、必要条件が見えてくるはずです。例えば、発生する可能性のある設備故障の修理には3か月の期間がかかり、その修理費用の最高額が20百万米ドルだと想定します。この修理費用を余剰資金と保険金で賄うものとします。毎四半期末の配当金に充てる予定の余剰資金が10百万米ドルであるとすると、10百万米ドルの保険金が支払われる財物損害保険を付保すべきと考えられます。この3か月間の固定費や融資の元利支払の合計が15百万米ドルとした場合、15百万米ドルの事業中断保険を付保していれば資金繰りに窮しないことが分かります。

このようなリスクの定量分析をした上で、買収対象プロジェクトへの付保がリスクコントロールの観点から十分なものなのかを評価します。付保額が不十分であれば、将来追加で付保するために必要な保険料が発生すると想定して事業価値を引き下げることになります。場合によっては事業のリスクがあまりにも大きく保険金ではカバーできないと評価して投資を見送るという判断に繋がることもあります。

3　保険アドバイザー選定のポイント

保険デューデリジェンスでは、上記の評価が実施されますが、保険契約は複雑であることから、どのような場合に保険給付が行われるのか、様々な事象ごとの給付上限額がいくらかということを保険証券などから読み取るには専門的知見が必要です。したがって、保険デューデリジェンスでは、保険会社や保険ブローカーなどが保険アドバイザーとして起用されます。また、保険の妥当性を評価する上では、設備トラブルの修理費・期間の想定や資金繰りの試算などが必要になる場合もありますので、技術デューデリジェンスや財務デューデリジェンスを行うチームと連携する場面もあることにも留意してください。

SECTION 8

デューデリジェンス結果の整理

SECTION 8では、各分野における調査・分析の過程で判明したデューデリジェンス結果をどのように評価・整理したうえで、対策に繋げていくかについて説明します。

デューデリジェンスを終了した各アドバイザーは、買主の各チームに中間報告書を提出する形でフィードバックします。その中間報告書の中では様々な発見事項に対して、レッドフラッグ（M&Aの中止を検討しなければならない問題）やイエローフラッグ（レッドフラッグほどではないが対象会社の価値を棄損しうる問題）、グリーンフラッグ（問題はないが留意すべき事項）が付されます。しかしその発見事項がアドバイザーから提出されたそのままの評価になるとは限らないことに留意が必要です。

入札案件ではデューデリジェンスに費やす時間が限られており、買主は効率的にデューデリジェンスを進めなければなりません。そのため買主の各アドバイザーも最初は広く網羅的に調査を行い、まずは外見的に明白な瑕疵を発見することを優先します。そしてその瑕疵に「問題があるのかないのか」のアドバイザーの判断は、その「瑕疵の事実のみ」によって行われていることがあります。

例えば、毎年更新が必要な操業の許認可が未取得であることが判明すれば、操業停止リスクがあるとしてレッドフラッグが立てられます。しかし、その実態が許認可の申請済であるものの、当局での手続きに時間がかかっているため現時点で取得できていないというものであれば、イエローフラッグへの変更やそもそもリスクではないという受け止めに変わります。したがって、中間報告書でレッドフラッグやイエローフラッグとして挙げられた項目について、その段階で判明している事実や内容を踏まえ、その実態をより詳しく把握するための追加調査をそのアドバイザーに指示しなければなりません。

この追加調査の結果を踏まえた最終報告書がアドバイザーから買主へ提出されれば、各チームは改めて最終報告書の内容を精査し、最終報告書の指摘事項の重要性や影響度合いを評価の上、どのような対策を講じる必要があるかを検討します。その上で各チームが「要対策」と判断した発見事項をキャッシュフローチームと法務チームに連絡します。

キャッシュフローチームと法務チームは、プロジェクトマネージャー、FA、弁護士と連携しながら、各チームから受け取った発見事項をバリュエーションに反映させるか、または株式譲渡契約の中でリスク回避を図るか、を判断します。その方針に従ってFAがキャッシュフローモデルを修正し、弁護士が株式譲渡契約への反映を行います。

このように買主はデューデリジェンスで発見されたリスクに対して、その性質や影響度合いを評価し、どのようにリスク回避を図っていくかを個々に整理していきます。この際に図表4–3のデューデリジェンス結果整理表を作成します。アドバイザーの中間報告書で挙示された項目について、どのような追加調査を実施し、最終報告書ではどのようなリスク評価になったか、そしてそのリスクについてどのような対応方針を取るかをリスト化したものです。

図表4–3　デューデリジェンス結果整理表（例）

中間報告	追加調査内容	最終報告	対応方針
・許認可更新漏れ ・操業停止となる可能性あり	・許認可申請状況の確認	・更新申請準備中 ・当局が申請期限の3か月延長に同意済	・クロージングまでに申請可能であることから、クロージングまでに実行すべき誓約事項として株式譲渡契約に記載
・2023年度の所得税（10億円）の納付が遅延 ・追徴課税対象となる可能性あり	・売主と対象会社へのヒアリング ・現地税務ルール運用実態の確認	・売主は追徴課税の対象とはならないと主張 ・悪質性はなく追徴課税の可能性は低い ・追徴課税上限は納付所得税の5％(0.5億円)	・追徴課税の対象となる事象は発生していないことの表明保証を株式譲渡契約に記載 ・売主が表明保証の記載を拒否する場合、発現可能性が低いこと、影響額が小さいことを踏まえ、リスクを許容

上記リストは参考のために作成したものです。実際には各分野のアドバイザーから提示されるレポート単位でリストを作成し、それぞれのレポートに記載されているすべての発見事項について、中間報告・追加調査内容・最終報告と対応方針を整理します。かなり大変な作業ではありますが、このように整理しておくことで、売主との条件交渉の進め方が見えてくるだけでなく、M&A成立後にもしリスクが発現した場合、売主に補償を請求できるのか、バリュエーションに織り込み済みの事象なのかなどが一目で判別できるため、案件管理の効率化にも繋がります。

SECTION 9

デューデリジェンス結果の反映

SECTION 9ではデューデリジェンスで発見された事実やリスク事項をどのように評価し、どのように買主としての対策を立てバリュエーションや株式譲渡契約に反映するかを説明します。

1　デューデリジェンス結果の反映手法

ここまでのデューデリジェンスを通して、売主から開示される詳細情報や買主が自身で調査して得た事実をもとに対象会社のインフラプロジェクトに潜んでいる事実やリスクを洗い出し、その事実やリスクが一体何なのか、またどの程度のインパクトを持つのかを精緻に分析することができました。その分析結果を正確にバリュエーションや株式譲渡契約に反映させることが最も重要であることは論を俟ちません。まず図表4-4を見てください。

図表4-4　デューデリジェンス結果の反映

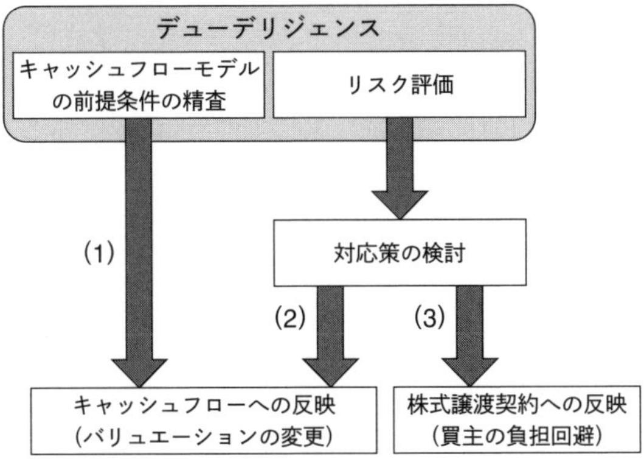

デューデリジェンスの目的を大きく2つに分けると、バリュエーションのた

めの「キャッシュフローモデルの前提条件の精査」と対象会社とプロジェクトの「リスク評価」になります。この目的に沿って実施されたデューデリジェンスの結果をバリュエーションや株式譲渡取引へ反映するには3つの手法があります。

この3つの手法とは（図表4-4の(1)～(3)に対応）、

(1) デューデリジェンスによってキャッシュフローモデルの前提条件を精査し、その前提条件を変更する必要がある場合、バリュエーションに反映し、株式譲渡価格の下方または上方修正を図る

(2) デューデリジェンスによって判明したリスクが回避・対処可能かを評価し、リスクは回避・対処不可能であるが定量化できる場合、バリュエーションに反映させ、株式譲渡価格の下方修正を図る

(3) デューデリジェンスによって判明したリスクが回避・対処可能かを評価し、リスクは回避・対処不可能であり定量化できない場合、株式譲渡契約で売主の表明保証または誓約条項を設定し、その違反が判明した場合は売主による補償条件にすることによって、後刻買主が損害を被るリスクをなるべく回避する

ものです。以下上記(1)～(3)の手法を説明します。

(1) デューデリジェンスによってキャッシュフローモデルの前提条件を精査し、その前提条件を変更する必要がある場合

デューデリジェンスの目的のひとつは、バリュエーションに必要なキャッシュフローモデルの前提条件を精査することでした。デューデリジェンスによってこの前提条件を変更する必要があれば、買収後の事業計画であるキャッシュフローが大きく動くため、バリュエーション、ひいては株式譲渡価格の決定に直接影響することになります。

例えば、マーケットデューデリジェンスにおいて評価した事業の競争力や市場価格想定は、収入計算の諸元となります。また技術デューデリジェンスにおいて評価した維持管理・修繕コストは、支出計算の諸元となります。これに加

図表 4-5　修正キャッシュフローモデル（イメージ）

（単位：百万米ドル）

	XX 年/1月	XX 年/2月	XX 年/3月	XX 年/4月	XX 年/5月	XX 年/6月	・・・
前期繰越	2,000	4,300	5,100	1,400	1,000	500	
売電収入	6,000	5,000	4,000	3,000	2,000	3,500	
燃料費	▲3,000	▲3,500	▲3,000	▲2,700	▲1,800	▲2,400	
運転保守費	▲500	▲500	▲2,500	▲500	▲500	▲500	
一般管理費	▲200	▲200	▲200	▲200	▲200	▲200	
大規模修繕費	0	0	0	0	0	0	
融資元利支払	0	0	▲1,000	0	0	0	
所得税	0	0	0	0	0	▲300	
配当	0	0	▲1,000	0	0	0	
期末残高	4,300	5,100	1,400	1,000	500	600	

前提条件の精査結果に基づき想定

えて、法務デューデリジェンスや財務デューデリジェンスで確認した収入と支出のタイミングから算出される正確な運転資本変動を織り込みます。このようにしてデューデリジェンスを通じて精査した前提条件を反映することで、図表4-5のような修正キャッシュフローモデルが完成し、バリュエーションの土台となります。

このキャッシュフローモデルの前提条件の変更は、デューデリジェンスによって判明した「事実」を反映したものですが、次にデューデリジェンスで判明した「リスク」をどのように修正キャッシュフローモデルに反映させるかを検討しなければなりません。

(2) デューデリジェンスによって判明したリスクが回避・対処可能かを評価し、リスクは回避・対処不可能であるが定量化できる場合

デューデリジェンスで発見したリスクは、(2)の修正キャッシュフローモデルに反映させるか、(3)の株式譲渡契約に反映させるかのどちらとなります。

図表 4-6　キャッシュフローモデルへのリスクの反映（イメージ）

（単位：百万米ドル）

	XX年/1月	XX年/2月	XX年/3月	XX年/4月	XX年/5月	XX年/6月	・・・
前期繰越	2,000	4,200	4,900	2,100	1,600	1,000	
売電収入	5,900	4,900	3,900	2,900	1,900	3,400	
燃料費	▲3,000	▲3,500	▲3,000	▲2,700	▲1,800	▲2,400	
運転保守費	▲500	▲500	▲2,500	▲500	▲500	▲500	
一般管理費	▲200	▲200	▲200	▲200	▲200	▲200	
大規模修繕費	0	0	0	0	0	▲500	
融資元利支払	0	0	▲1,000	0	0	0	
所得税	0	0	0	0	0	▲300	
配当	0	0	0	0	0	0	
期末残高	4,200	4,900	2,100	1,600	1,000	500	

A【リスク反映】
競争力低下による
稼働率減

B【リスク反映】
トラブル対策費
の計上

C【影響】
収入減・費用増に対
応するため配当中止

ここでは前者の(1)で策定した図表 4-5 の修正キャッシュフローに織り込むべき定量化できるリスク項目を確定させることから始めます。

図表 4-6 は、デューデリジェンスの結果判明したリスク項目を修正キャッシュフローモデルに反映させた例です。

A のリスク反映：マーケットデューデリジェンスによって、対象会社のインフラプロジェクトの競争力が将来低下し、コストの安い競争相手に電力需要を奪われることにより、対象会社のインフラプロジェクトの稼働率が落ちると評価された場合、売電収入を一定程度減少させてそのリスクを反映しています。

B のリスクの反映：技術デューデリジェンスによって、対象会社の設備と同形式の他社の設備が経年劣化でトラブルを起こしていることが判明し、対象会社の設備も同様の経年劣化を起こすと評価された場合、その経年劣化のトラブルを見越して XX 年 6 月にトラブル対策費を計上することで、そのリスクを反映しています。

Cの影響：直接的なリスクの反映ではありませんが、上記Aの影響で資金繰りが厳しくなり、加えて上記Bに向けて手元資金を確保しておく必要があるため、本来XX年3月に予定されていた配当は、中止しています。

このようにして、修正キャッシュフローモデルにリスクを反映させて、キャッシュフローを確定させます。このキャッシュフローを事業期間の長さに展開し、買主によるM&A完了後、いつどれだけの収益や配当を得られるかを見通すことができるようになります。これにより事業のバリュエーションが完了し、買収対象資産の収益性も確定します。ここでようやく「この対象会社の株式の適正な買収価格はいくらか」という問いへの答えが導けます。

(3) デューデリジェンスによって判明したリスクが回避・対処可能かを評価し、リスクは回避・対処不可能であり定量化できない場合

次にデューデリジェンスで明らかになったリスクへの対策を修正キャッシュフローモデルではなく株式譲渡契約に反映させる方法です。デューデリジェンスによって判明したリスクに対して何らかの対応策が必要となった場合に、株式譲渡契約への反映させる具体例を示します。

もし対象会社が許認可未取得など法令に則り為すべきことを為していないという事実が判明すれば、売主に対して許認可取得の即時の実行を求めることになります。株式譲渡契約締結日までに許認可取得の見込みが立たない場合は、クロージングまでまたは特定の時期までに売主が実行すべき義務として株式譲渡契約の誓約事項（売主が一定の行為を行うことを義務付けること）に落とし込みます。

このようにリスクが法令違反などの明らかな原因によるものであれば、上記の通り対応方法は明白なものとなりますが、デューデリジェンスを通じて発見される問題は、売主と買主で見解が分かれるものが少なくありません。

例えば、所得税の納付遅れがあった場合の追徴課税の有無について考えてみます。売主は単なる処理遅延であるために悪質性はなく追徴課税が行われない

と主張する一方、税務アドバイザーは追徴課税の可能性は低いものの追徴されるリスクは必ずしも否定できないという見解だったとします。この場合最初に考えられる対応としては、本件納付遅れに関する追徴課税の恐れはないという売主の表明保証（対象会社の財務や法律などに関する一定の事項が真実かつ正確であることを売主が買主に対し「表明し」かつ「保証する」こと）をさせ、もし株式譲渡後に追徴課税が発生した場合には買主の損失額を売主が補償するという条件を株式譲渡契約に織り込みます。

しかしながら、売主はその追徴課税発生は非現実的であり、リスクが発現することはないという反発を受けることが十分想定されます。売主・買主のポジションが歩み寄らない場合は致し方ありませんから、上記(2)のように想定される損失をバリュエーションに織り込んで株式譲渡価格を下方修正します。もしそのリスク発生可能性が限りなくゼロに近い場合や、損失があっても金額規模が小さいという場合には、そのリスクを飲み込むという対応も考えられます。

まとめますと、デューデリジェンスの結果判明したリスク評価のうち株式譲渡契約への反映方法は、次の２点になります。１つ目は、株式譲渡契約の誓約事項において、そのリスクの原因を治癒することを売主に約束させることです。もう１つは特定のリスクによって後刻買主に損害が発生した際には、売主がその損害を補償する旨を株式譲渡契約の表明保証で規定することです。

2　デューデリジェンス結果の反映と売主との交渉

買主としては、デューデリジェンス結果判明したリスクを株式譲渡契約に反映させ売主側に負担させることが最良の選択となりますが、売主は株式譲渡した対象会社の将来の潜在的な金銭負担を負おうとはしませんので、売主と買主の交渉が難航することが予想されます。株式譲渡契約案に対する買主のマークアップ（mark up：修正要望）は、BO 提出前それも買主のデューデリジェンスと並行して行われます。一方買主は提出した BO が売主に受け入れられ、優先交渉権を獲得できるまでは強硬な主張を行いにくい面があることは否めません。

したがって買主としてリスクを株式譲渡契約へ反映させる方針とするのか、バリュエーションに反映させるのか、売主との交渉前に検討し整理しておかなければなりません。

この2つの反映の仕方についての考え方のひとつとして、リスクの原因事象がM&A完了前後のどちらにあるかで判断する方法があります。原因事象がM&Aの完了前にある例として、先ほど例のように過去に許認可取得漏れがあり、罰金支払や許認可取り消しによる操業停止の可能性が「極めて高い」というリスクや、前年度の納税額計算に誤りがあり、M&A完了後に追徴課税の可能性が「明らか」であるというリスクであれば、買主側には責任のない事象となり原因発生時点で株主であった売主負担とするという主張は容易と思われます。その場合はバリュエーションから当該損害額を差し引くか、株式譲渡契約の補償条項でその損害額相当を買主が補償することを義務付けます。

逆に、原因事象がM&Aの完了後にある例として買収対象プロジェクトと同型設備でトラブルがあったことから、近い将来にその対策費を拠出する可能性があるというリスクや、将来の市場環境変化によって対象プロジェクトの競争力が落ち、稼働率が下がることで売上も減少するというリスクは、あくまで買主が将来をどのように想定するかの範疇であるため、売主にそのリスクを負わせ将来的な補償を求めることは困難であり、キャッシュフローモデルに反映しバリュエーションを変更するという選択肢を取らざるを得ないでしょう。

もう一つの考え方として、原因事象の発生時がM&A完了前後であることに関わりなく、リスクの発現や損害額が明確かどうかで判断する整理方法があります。デューデリジェンスで発見されたリスクが明らかに現在存在し、そのリスクによる損害額が確定していれば、キャッシュフローモデルによって算定されたバリュエーションからその損害額を減算することで解決できるでしょう。一方デューデリジェンスで発見されたリスクの発現には不確実性があり、またその発現したリスクによる損害額が見通せない場合は、株式譲渡契約で表明保証させ売主による補償でカバーしていくことが妥当でしょう。

第5章では株式譲渡契約の解説を行います。株式譲渡契約は株式譲渡の取引条件を証する最も重要な契約であり、バリュエーションには反映できなかったリスクを株式譲渡契約の各条項で補っていくことになります。

COLUMN　デューデリジェンスとバイアス

皆さんは「正常性バイアス」という言葉を聞いたことがあるでしょうか。災害が発生したときに避難を促す放送が鳴り響いていても誤作動だと思い込むという事例がよく挙げられますが、正常性バイアスとは異常なことを正常な範囲のことと捉える心理作用です。

ビジネスの場ではもちろんのこと、デューデリジェンスにおいてもこのバイアスが働いてしまうことがあります。例えば、デューデリジェンスを通じて対象会社が操業に必要なある許認可の取得を漏らしたまま操業を継続していたことが発覚したとします。アドバイザーからは、当局から指摘があれば即時操業停止になるというコメントが報告されました。しかしながら、デューデリジェンス担当者は「長年未取得のまま操業できていた」「これまで当局から指摘はなく、この国ではよくあることなのだろう」と思い、重大なリスクとして取り上げるまでもないと判断したとします。このまま M&A を進め、買収後にもし当局から許認可未取得の指摘があれば大変なことになるでしょう。

正常性バイアスは、人の心を平穏に保つ誰にでも備わった心理的機能と言われますが、M&A においては「買いたい」という想いがそこに拍車をかけます。M&A を行う目的は、会社としての事業拡大や新たな技術や知見の獲得です。その方針に則った案件を買収するはずであったのに、だんだん買収することが目的になってしまい、多大なリソースを費やした後ではもう後戻りできないと思い込み、誤った判断を下すことになることもあります。これはバイアスが引き起こす大きな過ちです。

このようなバイアスを取り除くために最も有効な方法は、第三者の視点を入れることです。専門のアドバイザーを活用したデューデリジェンスはまさしく第三者の視点であり、そのデューデリジェンスで得られた結果を社内で客観的にレビューする体制が有効です。このような専門家によるデューデリジェンスや社内の牽制を通じてバイアスを排除することは当然として、それ以前に、あなたが気になった事実を他分野デューデリジェンスの社内チームメンバーに「どう思う？」と率直に聞いてみてはいかがでしょう。

デューデリジェンスでは、必ず複数分野での連携が必要です。デューデリジェンスをリスク評価とそのリスク対策のための単なるプロセスと考えるのではなく、デューデリジェンスの各分野を超えて情報を共有することで、気づきを得るチャンスと捉えることもできます。自身の考え方にバイアスがかかっていたと気づかされる同僚の指摘は、デューデリジェンスとして正しい方向に進む一歩なのです。

第5章

株式譲渡契約

株式譲渡契約の概要

第 5 章では株式譲渡契約（以下、「SPA」）の概要と注意点について解説します。SPA はインフラプロジェクトの M&A において、最終的な株式譲渡の取引条件を証する最も重要な契約になります。

SPA は、株式売買契約とも呼ばれ、英語では Share Purchase Agreement、Stock Purchase Agreement、Sale Purchase Agreement（どれも略して SPA）または、Purchase and Sale Agreement（PSA）と称されます。SPA と聞くと大変難しい契約のように感じますが、基本的にはモノの売り買いを約定する売買契約の一種です。そこで、ここでは SPA に類似した内容を持つ中古自動車（以下、「中古車」）の売買契約と SPA を比較しながら説明を進めていきます。

1　SPA の項目、主要条項

SPA の概要を図表 5-1 に沿って説明します。図表 5-1 は SPA の項目、主な条項名、およびその条項の説明を示しています。一般的な SPA では、下記項目名に則って（Article などの）章立てがされています。

各項目において、中古車の売買契約ではどのような項目に相当するかを示しています。

図表 5-1 の各項目の解説を行います。

① 「定義」は、SPA で使われる特定の意味を示す語句を辞書的に列挙したものです。定義を定めることにより説明の繰り返しをなくし、契約内容の誤解や矛盾を防止します。定義された語句は、頭文字が大文字になりますので、文頭でない箇所の大文字はこの「定義」で定められる特定の意味を示します。したがって、条文内の大文字で始まる単語は「定義」

図表 5-1　SPA の概要

項目	条項	説明
①定義	定義（Definitions）	用語の定義
②譲渡条件	株式譲渡価格（Purchase Price）	譲渡価格
	価格調整方法（Adjustment） 価格調整方式、固定価格方式、アーンアウト条項	譲渡価格の調整方法
③表明保証	売主、対象会社、買主の表明保証（Representations and Warranties）	当事者の財務や法務等に関する一定の事項が真実かつ正確であることを表明し、その内容を保証する
④誓約事項	誓約事項（Covenants）	クロージングまでの義務事項
⑤前提条件	前提条件（Condition Precedent）	クロージング時点で満たすべき条件
⑥補償	補償（Indemnification） 表明保証保険	「表明保証」「誓約事項」違反の場合の補償手続き
⑦契約解除	契約解除（Termination）	「表明保証」「誓約条項」違反の場合の解約手続き
⑧一般条項	準拠法（Governing Law）など	英文契約書に定められることが一般的とされる条項

を参照し本 SPA における意味を確認することが必要です。

② 「譲渡条件」の項目は、株式譲渡取引の概要を述べています。対象会社の株式の対価となる株式譲渡価格および価格調整方法が述べられます。価格調整方法とは、SPA の締結日と実際の資金決済時との間に時間差があるため、株式譲渡価格を調整する仕組みのことです。

> 中古車売買契約なら、
> ⇒車両価格に相当します。

③ 「表明保証」は、対象会社の財務（未開示負債がないこと）や法務（法令遵守、租税納付）など株式譲渡取引の前提となる事項が真実かつ正確であることを売主が表明し、その内容を保証するものです。

> 中古車売買契約なら、
> ⇒中古車の状態（例：無事故車であること）を販売店が保証することです。

④ 「誓約事項」は、SPA締結からクロージング（実際に株式譲渡と売買資金決済を行うこと）までの間、またはクロージング以降において、一定の行為を行うこと（例えば、クロージングまで対象会社は通常通りの事業運営を行うこと）を義務付けるものです。

> 中古車売買契約なら、
> ⇒売買契約日から車両引渡日までに契約車両に変化を生じさせないことを義務付けることです。

⑤ 「前提条件」は、株式譲渡に必要な公的機関への届け出や許認可の手続きが完了するなどクロージングの時点で満たすべき条件であり、クロージングの義務が発効する条件です。

> 中古車売買契約なら、
> ⇒車両引渡し条件のことです。例えば車検整備を行う、ナンバープレートの交換を行うなど中古車が使用可能となる条件のことです。

⑥ 「補償」は、簿外債務があったなどの「表明保証違反」があった場合、またはクロージング前に資産を勝手に売却したなどの「誓約事項違反」があった場合の買主の損害を償う売主の補償内容を定めた項目です。

> 中古車売買契約なら、
> ⇒事故歴があるのに無事故車であると、販売店が虚偽の記載をした場合、事故車であったために発生した損害を販売店が補償することです。

⑦ 「契約解除」は、「表明保証」「誓約事項」に重大な違反があった場合や、

前提条件が充足されないまま一定期日を超えた場合にSPAを解約できるとするものです。

> 中古車売買契約なら、
> ⇒車両を引渡さない場合は、中古車売買契約を解約できることです。

⑧「一般条項」は、準拠法や裁判管轄などの契約書に定めることが一般的とされる条項です。ただし英文契約書特有の条項がありますので注意が必要です。

> 中古車売買契約なら、
> ⇒準拠法を日本法にすることです。

中古車は、前所有者によって使用された過程において、何らかの劣化や摩耗（場合によっては事故歴や故障歴）が生じているはずです。販売店は中古車の現在の状態が真実かつ正確であることを表明し、それを買主に対し保証します。しかしその表明・保証に偽りがあれば、販売店が無償で修理するまたは発生した損害を補償するという義務を負うことを規定することが、中古車売買契約書で重要な点です。この重要なポイントはSPAでも一緒です。すなわち売主に対象会社の現在の実態を表明保証させ、後日買主に損害が発生した場合、その損害の原因が売主の表明保証の違反であれば、買主が売主に対し損害の補償請求ができることを規定することが、極めて重要となります。

このようにSPAの各条項は、売主から買主への経営権移転前後におけるあらゆる利害を想定した厳密な構成となっており、各条項間の連関は論理的かつ精緻であることが特徴です。

次のSECTION 2からは、SPAの各項目についてより詳細に解説を行います。

SECTION 2

譲渡条件

SPAの譲渡条件では、株式譲渡取引の概要が記述されます。譲渡される対象会社の株式の特定や株式譲渡価格が定められます。またSPAの締結日とクロージングと呼ばれる株式譲渡と資金決済が行われる日との間に時間差があるため、SPAに記された株式譲渡価格が価格調整される場合の価格調整方法が記載されます。このほかクロージングの具体的手続きなどがこの譲渡条件の項目で記載されます。

Ⅰ 譲渡価格

株式譲渡価格（Purchase Price）は株式譲渡の対価となる金額です。買主のデューデリジェンスの結果により企業価値が算定され、それをもとに売主との価格交渉を経て合意されたものが株式譲渡価格です。クロージングにおいて、株式の譲渡と引き換えにSPAに記載された株式譲渡価格の金銭が支払われます。しかし必ずしもSPAに記載された株式譲渡価格相当の金銭が買主から売主に支払われて取引が完了するとは限りません。

株式譲渡価格の決定には、大きく分けて2つの方法があります。一つは価格調整方式（Closing Adjustment または Completion Account）と呼ばれる、株式価格評価基準日からクロージングまでの間の純有利子負債などの変動を株式譲渡価格に反映させる方法です。もう一つは固定価格方式（Locked Box）と呼ばれる、株式価格評価基準日で株式譲渡価格を固定し、当該基準日以降の財務内容の変動を株式譲渡価格に反映させない方法です。

株式譲渡価格にこのような2つの決定方法があるのは、株式価格の評価基準日から株式譲渡と資金決済がなされるクロージング日までの間に、どうしても数週間から数か月の時間差が生じるためです。この時間差が生じる理由は、SPA締結後、株式譲渡に必要な許認可取得や各種確認などの諸条件が整うのに一定の時間を要するためです。

株式価格の評価基準日はSPAの締結日より手前であり、SPAを締結後、数週間から数か月を要したあとのクロージング日に、ようやく買主が経営権を実際に取得します。したがって評価基準日から経営権を取得したクロージング日までの間に企業価値が変動している可能性があるのです。

価格調整方式は、評価基準日からクロージング日までの企業価値の変動を一定のルールを用いて、株式譲渡価格に反映すべく改めて計算をし直し、株式譲渡価格と再計算した株式譲渡価格の差額をクロージング後に精算するものです。一方固定価格方式は評価基準日の株式譲渡価格でクロージング日に資金決済するのみで後日の精算を行わないものです。

図表 5-2 は、この 2 つの株式譲渡価格の決定方法の概要です。

図表 5-2　株式譲渡価格の決定方法

	価格調整方式	固定価格方式
概要	評価基準日からクロージング日の間の純有利子負債等の変動を SPA の株式譲渡価格に反映させ後日精算する	評価基準日に株式譲渡価格を固定し、評価基準日以降の財務内容の変動を SPA の株式譲渡価格には反映させない
英語呼称	Closing Adjustment Completion Account	Locked Box

両方式の詳細について、以下に解説します。

Ⅱ　価格調整方式

価格調整方式はクロージング調整方式とも呼ばれます。米国ではClosing Adjustment、欧州ではCompletion Accountと呼称され、主に米国のマーケットで利用されることが多いようです。価格調整方式は評価基準日からクロージング日までの企業財務状況の変化を一定の計算方法で反映させ、株式譲渡価格を修正（価格調整）するものです。クロージングではSPAに記載された株式譲渡価格相当の金銭の支払が行われますが、クロージング以降に価格調整された金額相当を精算（買主が追加支払または売主が返金）します。

図表5-3は、価格調整の概要です。左から右へ向かって、評価基準日、SPA締結、クロージング、価格調整金受払という時系列にしています。

評価基準日はSPAの株式譲渡価格を決めるための基準日です。SPAに評価基準日の財務諸表に基づき算定された株式譲渡価格を記載し、クロージング日に買主は売主へ当該株式譲渡価格の金銭を一旦支払い（仮払いし）ます。評価基準日は対象会社の直近の決算期（通期、半期、四半期）末に設定することが多く、もし評価基準日が決算日でない場合は当該日の財務諸表を売主が作成します。一方クロージング日の財務諸表は買主が作成します。クロージング日には経営権が買主に移っているためです。クロージング日が対象会社の決算日ではあることは少ないため、会計帳簿から決算作業を行い、クロージング日の財務諸表を特別に作成します。

評価基準日とクロージング日の2時点の対象会社の財務諸表の数値の変動を用いて、定められた計算方法で株式譲渡価格を修正（価格調整）します。具体的には「純有利子負債」、「正味運転資本」、「純資産」という3つの調整項目の2時点の変動を財務諸表から導き、株式譲渡価格の加算・減算が生じれば、クロージング日以降に株式譲渡価格の精算を行います。調整後株式譲渡価格が株式譲渡価格よりも多ければ、買主が売主にその差額を追加支払し、調整後株式譲渡価格が株式譲渡価格よりも少なければ売主が買主にその差額を返金します。図表5-3で価格調整方式の流れを確認してください。

図表 5-3　価格調整方式の流れ

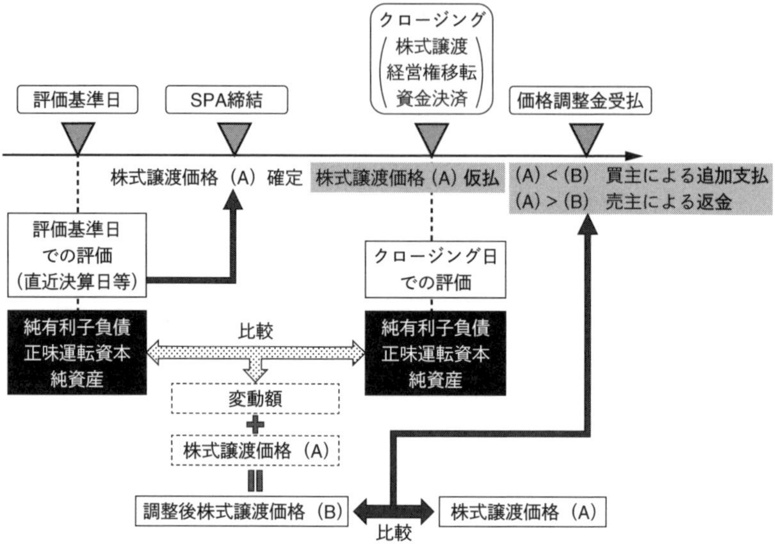

価格調整方式は金額の大きいディールや譲渡契約締結日からクロージングまでに時間を要する場合などに使用されます。売主と買主に有利・不利はなく、調整後の株式譲渡価格は中立のものとなります。しかし、価格調整作業は株式譲渡価格の再交渉と見做されるため、価格調整を行う際に買主・売主間に論争を招く可能性があります。したがって、価格調整の計算方法や各種勘定科目の定義は明確に定めておかねばなりません。

価格調整の計算方法は 3 種類あり、よく見られる順に並べますと、調整項目を

① 「純有利子負債」と「正味運転資本」を組み合わせる場合、

② 「正味運転資本」のみとする場合、

③ 「純資産」のみとする場合、

となります。

ここからは価格調整の調整項目（「純有利子負債」、「正味運転資本」、「純資

産」）のそれぞれについて、その内容の解説とメリット・デメリットを述べていきます。

1　純有利子負債

図表5-4をみてください。これは企業価値、事業価値と有利子負債、株主価値の関係を示したものです。企業価値は会社全体の価値です。事業価値（EV：Enterprise Value）は、会社の事業活動の価値を表したもので、会社が将来的に創出するキャッシュフローの現在価値を指します。余剰現金と非事業資産は、会社の事業活動とは直接関係のない資産を意味します。企業価値は事業価値と余剰現金・非事業資産の合計になります。また企業価値は、債権者に帰属する有利子負債と株主に帰属する株主価値の和と等価です。したがって、株主価値は事業価値に余剰現金・非事業資産を加えたもの（＝企業価値）から有利子負債を差し引いたものに等しくなります。有利子負債から余剰現金・非事業資産を差し引いたものを純有利子負債と呼びます。したがって株主価値の別の形で表現すると、事業価値から純有利子負債を差し引いたものに等しくなるといえ

図表5-4　企業価値、事業価値と有利子負債、株主価値の関係

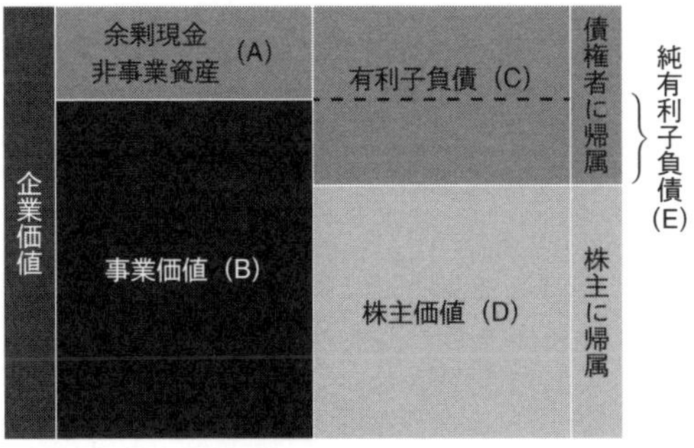

株主価値（D）＝事業価値（B）－
（有利子負債（C）－余剰現金・非事業資産（A））
純有利子負債（E）

ます。

したがって、SPA上では評価基準日時点における純有利子負債をもとに計算された株主価値が株式譲渡価格として記載され、クロージングでは買主から売主にその株式譲渡価格の金銭の支払決済が一旦なされます。

図表5-5は、純有利子負債の変動と株主価値の変動との関係を示したものです。図表5-5（1）のように、純有利子負債が、評価基準日からクロージング日の間に増加すれば、株主価値すなわち株式譲渡価格が減少しますので、クロージング日以降に売主は買主にその差額を返金します。一方、図表5-5（2）のように、純有利子負債が、評価基準日からクロージング日の間に減少すれば、株主価値すなわち株式譲渡価格が増加しますので、クロージング日以降に買主は売主にその差額を追加支払します。純有利子負債の増減と株式譲渡価格の増減は逆方向となることを憶えておいてください。

図表5-5　純有利子負債と株主価値との関係

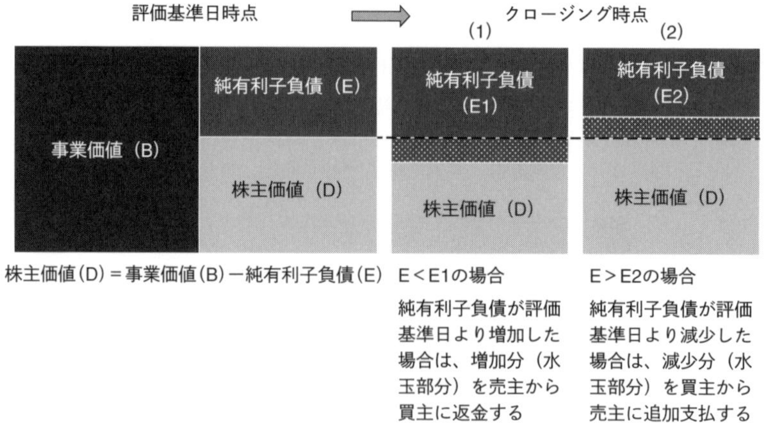

余談になりますが、インフラプロジェクトM&Aの入札のプロセスレター（入札手順書）に、NBOでの入札金額の前提は“on a debt free cash free basis”で、と指定されるケースが見受けられます。これは、対象会社の純有利子負債を無視した状態、すなわち現預金残高がゼロ、有利子負債残高がゼロの前提で、対

象会社の株式をいくらで取得するかを提示しなさいという意味で、前提を単純化させているのです。したがって、この場合は事業価値＝企業価値＝株主価値となります。

NBO時点では上記の“on a debt free cash free basis”で株主価値が計算されるので、純有利子負債が捨象されシンプルに数値を導けますが、SPAの交渉では、有利子負債には何が含まれるか（デットライクアイテムと呼ばれる退職給付債務などをどのように含むか）、また余剰現金はいくらとするかなど、「価格調整項目の定義」を両者でしっかり合意する必要があります。

2　正味運転資本

次に、正味運転資本の調整について説明します。まず運転資本の考え方です。運転資本は、総運転資本と正味運転資本に大別されますが、流動資産総額を表す総運転資本に対し、正味運転資本は、一般的に「売上債権＋棚卸資産＋その他流動資産」から「仕入債務＋その他流動負債」を差し引いたものと定義付けられます（図表5-6）。SPA上の株式譲渡価格の調整項目においては、これらの勘定科目の定義が厳密に定められますが、ここでは大括りの勘定科目名で説明を続けます。

正味運転資本は売上入金と費用支払の時間的ズレを補うための資金のことです。売上の入金までに必要な時間よりも、支払を待ってくれる時間の方が短いため、手元に置いておく資金（手元資金）が必要となります。もし手元資金が

図表5-6　正味運転資本

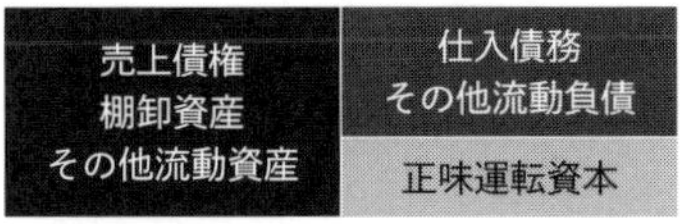

正味運転資本＝
（売上債権＋棚卸資産＋その他流動資産）
－（仕入債務＋その他流動負債）

不足する場合は銀行からの借入金で賄います。この借入を運転資金借入と呼び、通常は短期借入になります。

正味運転資本は事業活動の変化によって増減します。例えば棚卸資産が増加する場合、正味運転資本は増加します。棚卸資産が増加する例を、アイスクリームのメーカーで考えます。アイスクリームは夏に売上が増加しますが、夏場だけ製造ラインを追加して増産するような無駄は行わず、夏になる前にアイスクリームの商品在庫（棚卸資産）を積み増します。そのため春に正味運転資本が増加します。一方仕入債務が減少する場合も、正味運転資本は増加します。仕入債務は主な勘定科目は買掛金と支払手形という、原料購入や費用の支払を待ってもらっている残高ですから、このほかの要因が変化せずに仕入債務が少なくなると、手元資金は減少し正味運転資本が増加するわけです。

このように「売上債権＋棚卸資産＋その他流動資産」と「仕入債務＋その他流動負債」の変動によって、正味運転資本は上下しますので、株式譲渡の際に正味運転資本の水準を売主・買主の間で合意しておく必要があります。合意すべき正味運転資本の水準は、「評価基準日での正味運転資本」とするか、在庫の積み増しなどが必要ない「通常時の正味運転資本（これを正常運転資本と呼びます）」とするかのどちらかになります。その合意された水準の正味運転資本（以下、「合意水準」）と、クロージングの時点での正味運転資本との差額を精算することにより、株式譲渡価格の修正（価格調整）をするのです。

正味運転資本の増減に伴う価格調整は純有利子負債とは違って少々複雑です。まず、正味運転資本が合意水準よりもクロージング時点で増加したケースを考えます（図表5-7）。正味運転資本の増加は、「売上債権＋棚卸資産＋その他流動資産」の増加（図表5-7（1））、または「仕入債務＋その他流動負債」の減少（図表5-7（2））によって生じると先程説明しました。正味運転資本が合意水準よりもクロージング時点で増加したことから、クロージング以降は正味運転資本が合意水準に収斂（ここでは正味運転資本が減少）すると考えると、クロージング時点では合意水準よりも手元資金が多かったと見做せます。そのため正味運転資本の合意水準からクロージング時点での増加額は、株式譲渡金額を増額する価格調整額となるため、買主が売主に追加支払します。

逆に、正味運転資本が合意水準よりもクロージング時点で減少したケースを

図表5-7　正味運転資本が増加した場合

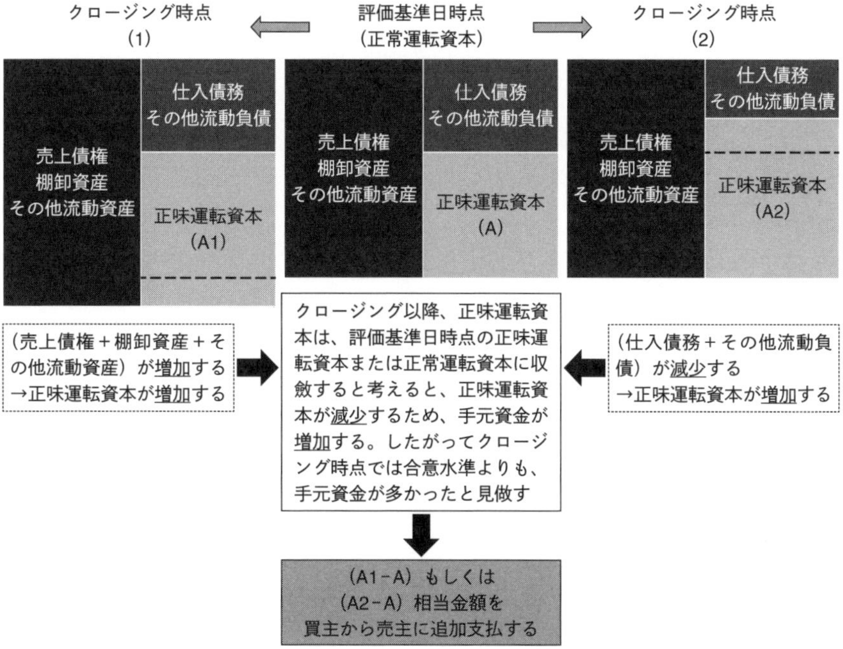

考えます（図表5-9）。正味運転資本の減少は先程の正味運転資本の増加の逆になりますので、「売上債権＋棚卸資産＋その他流動資産」の減少（図表5-8（1））、または「仕入債務＋その他流動負債」の増加（図表5-8（2））によって生じます。正味運転資本が合意水準よりもクロージング時点で減少したことから、クロージング以降は正味運転資本が合意水準に収斂（ここでは正味運転資本が増加）すると考えると、クロージング時点では合意水準よりも手元資金が少なかったと見做せます。そのため正味運転資本の合意水準からクロージング時点での減少額は、株式譲渡金額を減額する価格調整額となるため、売主が買主に返金します。

正味運転資本が合意水準以上に増加した場合は追加支払、減少した場合は返金となり、正味運転資本の増減と株式譲渡価格の増減は同一方向となります。

図表 5-8　正味運転資本が減少した場合

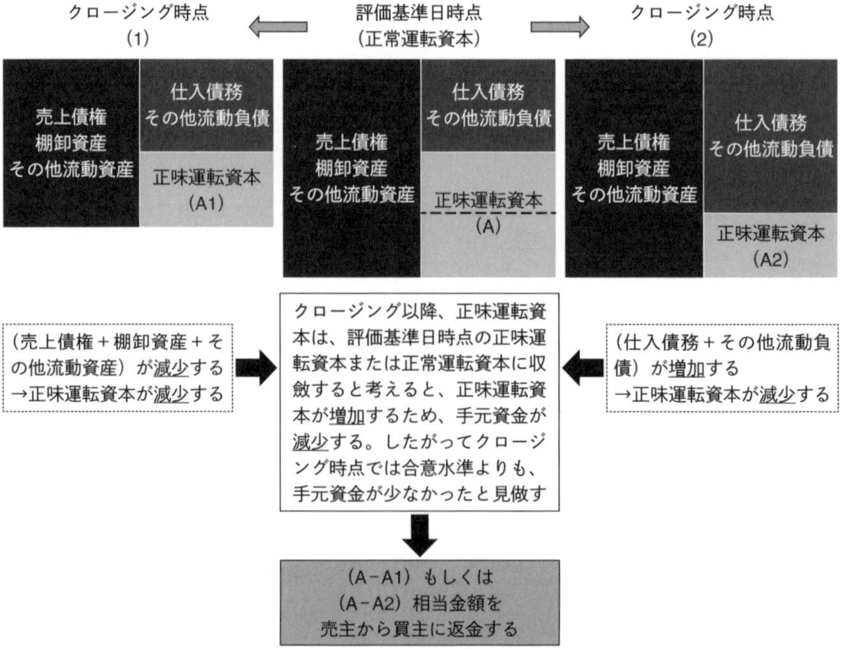

これは、純有利子負債の増減と株式譲渡価格の増減が逆方向であるのと対照的です。

この両者が対照的であることには意味があります。上述のように正味運転資本の増加は純有利子負債の増加となるため、正味運転資本の増加による追加支払が、純有利子負債の増加による返金で相殺されます。つまり売主が株式譲渡価格の価格調整による追加を得ようと考え、クロージング直前に意図的に在庫（棚卸資産）を積み増し、正味運転資本を増加させると、正味運転資本の増加は純有利子負債の増加となるため、価格調整額の追加支払を減少させる方向に働くのです。

したがって、価格調整方式では、売主による恣意的な価格調整が行われにくい、「純有利子負債」と「正味運転資本」の2つを組み合わせた調整項目とすることが一般的です。

3 純資産

対象会社の貸借対照表上の純資産額を比較して価格調整を行う方法です。評価基準日の純資産とクロージング日時点の純資産の変動額を株式譲渡価格（＝純資産）の価格調整額とします（図表5-9）。純資産の評価基準日からクロージング時点までの減少額は、株式譲渡金額を減額する価格調整額となるため、売主が買主に返金します（図表5-9（1））。逆に純資産の評価基準日からクロージング時点までの増加額は、株式譲渡金額を増額する価格調整額となるため、買主が売主に追加支払します（図表5-9（2））。

純資産を調整項目とする価格調整方法はシンプルですが、売主・買主で論争を招きやすいという難点があります。価格調整方式では買主がクロージング時点の財務諸表を特別に作成する必要があると述べました。調整項目に「純有利子負債」や「正味運転資本」を用いる場合は、クロージング時点の貸借対照表の一部勘定科目の数値が必要となりますが、調整項目に「純資産額」を用いる場合は、クロージング時点の貸借対照表の全勘定科目とクロージング日までの

図表 5-9　純資産と株式譲渡金額との関係

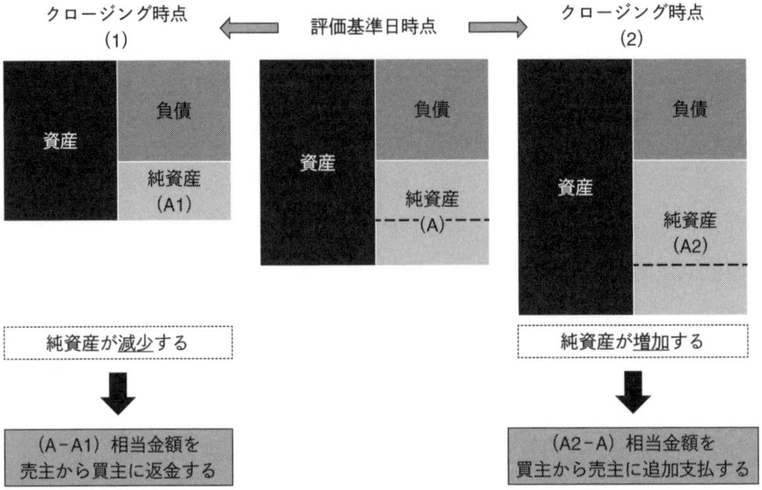

損益計算書を必要とします。この特定日の貸借対照表の簿価（評価を含む）や特定日までの損益計算書の損益認識に買主と売主の考えが異なると、論争を引き起こす可能性があるわけです。したがって、クロージング時点での純資産の算出方法を SPA で明確に定義しておく必要があります。

Ⅲ 固定価格方式

固定価格方式は、Locked Box と呼ばれる株式譲渡価格の決定方法で、評価基準日（Locked Box Date）における財務情報を基に株式譲渡価格が算定され、その算定価格を SPA 上の株式譲渡価格として固定させる方法です。SPA 締結からクロージングまでに期間を要しない場合に用いられることが多く、メリットとして評価基準日のみの算定で株式譲渡価格が決定されるため、価格調整方式よりも短期間で株式譲渡プロセスが完了することや、SPA 締結以降クロージングまでの株式譲渡価格の変動という不確実性を回避できることが挙げられます。固定価格方式は、確定した価格で迅速な売却を志向する欧州のプライベートエクイティ（PE）のエグジット（投資事業からの退出）で使用されることが多いようです。

固定価格方式は、売主に有利な株式譲渡価格決定方式と考えられます。その理由として売主は企業価値が最大となる時点を評価基準日にできることや、株式譲渡価格が決定すれば、その後株式譲渡価格が減額されることはないからです（ただし増額もありません）。

買主は、経営権の移転するクロージング時点の財務諸表を確認しない状況で、株式譲渡価格を確定させることになるため、評価基準日までに、可能な限り多くの情報を開示するよう売主に要求するとともに、評価基準日の財務情報を精査する必要があります。

さらに買主は、SPA 締結日以降、経営権が移転するクロージングまでの間に、売主が対象会社の企業価値を毀損するような行動をさせないようにしなければなりません。なぜなら売主は株式譲渡価格が確定したことで、その後の対象会社の業務運営管理を怠る可能性があるほか、配当や経営指導料を株主である売主に対して支払わせるといった対象会社の現金などの財産を流出させる利益相反行為を起こすことがあり得るからです。したがって、売主が対象会社の企業価値を減少させないようにするために、SPA 締結日以降の対象会社の通常運営の管理を売主に誓約させるほか、対象会社からの現金などの財産の流出を禁止する誓約事項を SPA に設けます。もし対象会社からの現金などの財産の流出が予定されている場合は、流出を認める項目を「Permitted Leakage」として定義し、「Permitted Leakage」の想定額を株式譲渡価格から予め減算する必要があります（図表 5-10）。

図表 5-10　固定価格方式の流れ

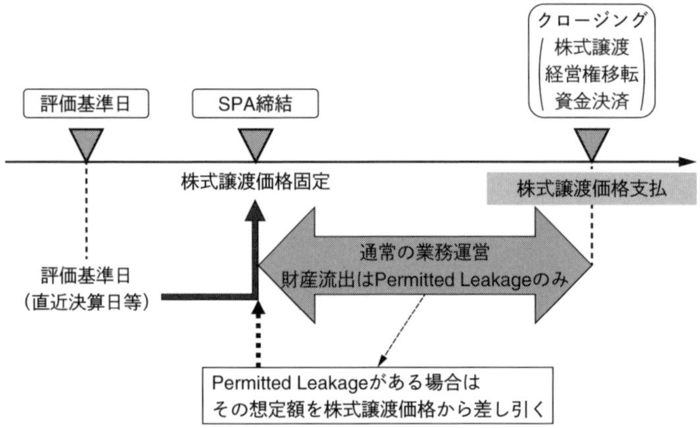

固定価格方式では、買主が売主に評価基準日からクロージングまでの「利息」（＝株式譲渡価格×合意利率×当該期間）を株式譲渡価格に加えて支払うことがあります。法律的には経営権の移転はクロージングに行われますが、経済価値的には株式譲渡価格を固定した評価基準日に所有権が移ると見做し、クロージングの資金決済までの利息を売主に支払うものです。

このように一見、売主有利、買主不利と思われる固定価格方式ですが、見方を変えれば合理的な株式譲渡対価の決定方法ともいえます。なぜなら先述の通り迅速な株式譲渡手続きや価格変動の回避が可能なことに加え、クロージング時点での価格調整による売主・買主間の論争が発生しないこと、後刻価格調整が発生しないため、売主・買主の取締役会、株主総会などでの再決裁が不要であること、が考えられるためです。

もともと M&A における株式譲渡価格は、理論的、客観的に決定する（できる）価格ではなく、買主が主観的に対象会社の事業を評価し、売主との交渉を経て両者が妥協・合意した結果の価格です。価格調整方式では、その主観的要素の含まれた株式譲渡価格をクロージング時にロジカルかつ詳細に価格調整するため、ちぐはぐに思えるところがあります。一方、固定価格方式では、評価基準日以降の財務内容の変更を反映せずに株式譲渡価格を固定したまま、後刻資金決済する、という割り切りの良さに、しっくりとしないのも事実です。価格調整方式と固定価格方式とに優劣はなく、それぞれのメリット・デメリットを検討して、その株式譲渡価格方法を選択すべきと考えます。

図表 5-11 は、SECTION 2 Ⅱの価格調整方式、SECTION 2 Ⅲの固定価格方式で説明した要旨を一覧表にまとめたものです。

図表 5-11　価格調整方式と固定価格方式の比較

	価格調整方式	固定価格方式
主なマーケット	米国	欧州
有利な立場	中立	売手
デメリット	・クロージング時点の BS の作成が必要 ・価格調整の際、紛争に繋がる可能性がある	・買手は基準日以降の財務状況の変動リスクを負う ・買手は基準日からクロージングまでの利息を売手に支払う必要がある
メリット	クロージングまでに時間を要する場合や、対象企業に季節変動性（正味運転資本の増減など）がある場合には、売手買手双方のリスクヘッジになる	・売手は譲渡価格を固定できる ・取締役会、株主総会等での再決裁が不要 ・短期間で取引が完了する場合、少額の譲渡の場合に用いられる
留意点	調整項目は以下の通り ①純有利子負債（有利子負債ー余剰現金・非事業資産） ②正味運転資本（「売上債権＋棚卸資産＋その他流動資産」ー「仕入債務＋その他流動負債」 ③純資産	・SPA 締結日以降対象会社の通常運営の管理を売主に誓約させる ・SPA 締結日以降に Leakage（財産流失）させないことを売主に誓約させる ・もし財産の流出が予定されている場合は、Permitted Leakage として定義し、その想定額を株式譲渡価格から予め減算する

Ⅳ　アーンアウト条項

ここまで株式譲渡価格を調整する2つの方法（価格調整方式、固定価格方式）を解説しました。このほかに株式譲渡価格を調整する方法として、クロージング以降に対象会社が好業績を上げるなどの条件を満たせば、買主による株式譲渡金額の追加支払を義務付けるアーンアウト条項を設ける方法があります。

アーンアウト条項は、クロージング以降の対象会社の経営成績指標（EBITDAなど）を設定し、その指標を達成すれば、買主が決められた追加金額を支払うものです。アーンアウト条項が設定されるケースは、売主と買主の間で株式譲渡価格を合意できない場合や、対象会社の業歴が短いまたは実績が乏しいものの、今後の成長が期待される場合などが挙げられます（図表5-12）。

しかしアーンアウト条項を設けることで、売主と買主の間にコンフリクトが生じます。クロージング以降、対象会社は買主の経営権のもと運営されますが、買主はなるべく追加支払の発生を回避しようとするインセンティブが働きます。一方、売主は対象会社の経営に介入し、買主の追加支払を発生させるために経営成績指標を達成しようとします。

図表5-12　アーンアウトの流れ

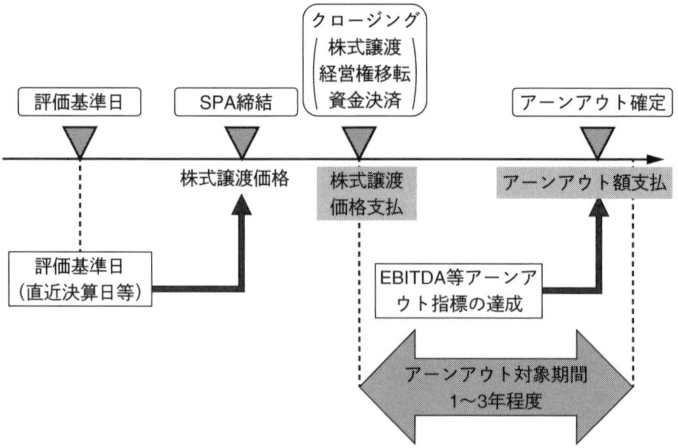

したがって、この両者のコンフリクトを避けるために、まずアーンアウト条項となる経営成績指標を明確に定め、買主による当該指標の恣意的な操作ができないようにしておくことがポイントです。また売主による対象会社への経営関与のあり方と、買主による対象会社の事業運営への制約（対象会社における事業のリストラ、人員削減の禁止など）をバランスよく設定することが重要です。なお、アーンアウト条項の対象期間はクロージング後1～3年間程度が多いようです。

SECTION 3

モニタリング条項

このSECTIONから、インフラプロジェクトのM&AにおけるSPAの核心といえる「表明保証」「誓約事項」「前提条件」というモニタリング条項とそれらの契約違反に伴う「契約解除」および「補償」の説明に入ります。

SPAは基本的に売買契約ですから、株式とその対価が交換され、経営権移転後の対象会社に問題が発覚しなければ何事もなく契約満了になります。中古車売買の例で示した通り、購入した中古車が故障なく走行すれば、中古車売買契約が契約満了するのと同じです。しかし、インフラプロジェクトのM&Aは、インフラプロジェクトの工場、機械、本社、役員、従業員、技術、顧客、契約、ブランドなどの「総体」の売買であり、1台の中古車の売買とは次元が異なります。

インフラプロジェクトの総体である対象会社は、財務諸表だけではとても捉え切れません。貸借対照表に計上されているのはあくまで簿価に過ぎませんし、損益計算書は損益認識次第で変動します。また固定資産に瑕疵があったり、売掛金が回収不能であったりする可能性もあります。ましてや隠れ負債や架空売上の存在などで、財務諸表自体が粉飾されていたら、目も当てられないことになります。このように対象会社の真の姿は財務諸表だけでなくあらゆる対象会社の資料を以てしても事前に完全には把握することはできません。

したがって、株式譲渡される対象会社の実態がSPAに記述された通りであることが非常に大事です。なぜなら買主はSPAに記述された対象会社の状態は、対象会社の実態と相違がなく、すべて真実であることを前提に企業価値を算定し株式譲渡金額を支払うからです。

つまり売主に対して①対象会社の実態がSPAの記載通りであることを保証させることや、②対象会社の状態をSPA締結から変化させないよう義務付けることが肝要となります。SPAでは、前者①を「表明保証」後者②を「誓約事項」

という条項で定めます。またクロージング時に株式の譲渡と株式譲渡代金の支払の義務を発生させるために必要な、売主・買主・対象会社が充足すべき要件を「前提条件」と呼びます。

これらの「表明保証」「誓約事項」に違反がある場合や「前提条件」を充足しない場合は、次の扱いとなります。

「表明保証」に虚偽が発覚した場合や、「誓約事項」の義務違反となった場合は、その契約当事者の契約違反となり、SPAを「契約解除」するか、または相手側に対し「補償」を請求します。「契約解除」は、SPA締結からクロージングにまでの契約違反のみに適用し、「補償」の請求はSPA締結以降クロージングまでの契約違反およびクロージング以降の契約違反にも適用されます。クロージングまでの表明保証違反、誓約事項違反が軽微な場合は、契約解除ではなく、補償を請求します。「前提条件」の未充足は株式譲渡取引が実行されません。

図表 5-13　表明保証・誓約事項・前提条件と契約解除・補償との関係

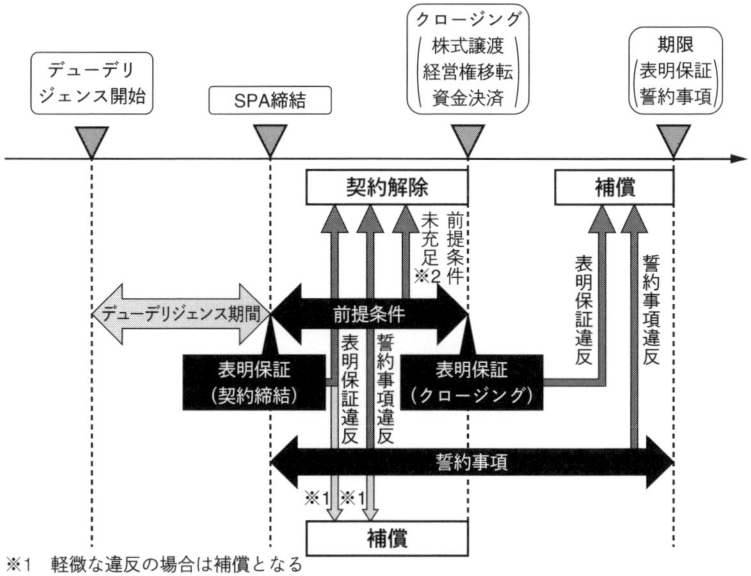

※1　軽微な違反の場合は補償となる
※2　一定期限を超えると契約解除となる

「前提条件」の未充足状態が一定期限を超えて継続すると「契約解除」事由になります。

なお、「損害賠償」と「補償」はどちらも相手側に生じた損害を償う用語ですが、損害が発生した理由が故意や過失に基づく違法行為であれば「損害賠償」、適法行為であれば「補償」を用います。本書では両者を区別せず「補償」という表現に統一します。図表 5-13 は表明保証・誓約事項・前提条件と契約解除・補償との関係を整理したものですので、確認してください。

I　表明保証

1　表明保証の目的

表明保証（Representations and Warranties）は、自社および対象会社の財務や法律などに関する一定の事項が真実かつ正確であることを売主・対象会社が買主に対し、および買主が売主に対し「表明し」かつ「保証する」ものです。表明保証はSPA締結時点およびクロージング時点の2時点で行われます。

買主はSPA締結前に対象会社の企業価値を慎重にデューデリジェンスしますが、時間的制約のあることや、売主から提供される資料が限られたものであることから対象会社のすべての情報を確認することは不可能です。一方、売主が対象会社の実態を正確に知らせていない場合や、株主として実態を知り得ない場合もあり、デューデリジェンス時に開示された情報の欠落や過誤が後で判明することが少なくありません。その結果クロージング後に、対象会社の簿外債務の存在や機器の不具合、良好でない労務関係などが発覚し、買主が損害を負うことがあります。

そこでデューデリジェンスの前提となる情報に欠落・過誤がないことと、対象会社の事実関係の正確性を確保するために、売主および対象会社が表明保証を行います。売主と買主との間には対象会社に関して情報の非対称性があるため、表明保証はデューデリジェンスを補完する機能を持つといえます。また売主・買主自身の組織の有効性やSPAの締結・履行の権限を有することなども、売主・買主にそれぞれ表明保証させ契約上の義務履行に対する信頼を高める効果を持たせます。

クロージングまでに表明保証違反が判明した場合と、クロージング以降に判明した場合とでは対応が異なります。クロージング前に表明保証が正確でなかったことが判明した場合で、その違反が重大な場合にはSPAを解除します。もしその表明保証違反が軽微な内容であれば違反に伴って被る損害額の補償を契約相手側に請求します。また表明保証違反が前提条件に該当する場合は株式譲渡取引が実行されないままとなることもあります。一方クロージング後に表明保証が正確でなかったことが判明した場合、その時点では経営権が買主に移転しており、もはや契約解除はできないため、違反に伴って被る損害額の補償を契約相手側に請求します。

表明保証条項とその違反に伴う補償を規定する補償条項は、SPAの根幹をなすもので、表明保証の範囲や例外規定、および補償の範囲、期間、制限などは、株式譲渡交渉上、最も議論を戦わせるポイントとなります（参考・第5章コラム）。なお表明保証はRepresentations and Warrantiesを略して「レプワラ」と呼称されることがあります。

2　表明保証の種類

まず、表明保証は売主・買主に関する表明保証と、対象会社に関する表明保証に分類されます。当然ながら、対象会社の表明保証が交渉上の本丸となります。また、表明保証の重要度に応じて、基本的表明保証（Fundamental Representations and Warranties）と一般的な表明保証（General Representations and Warranties）に分類されます。基本的表明保証の方が一般的な表明保証よりも重要度が高い表明保証となりますが、定型化されたものが多いです。重要度の高い基本的表明保証違反に伴う補償はその金額制限や請求期限などにおいて買主に有利な補償内容となります。

一方対象会社の事業や資産に関する表明保証のほとんどは一般的な表明保証となり、より具体的な内容の表明保証になります。

主な表明保証項目は図表5-14の通りです。各項目に共通することは、本株式譲渡取引や、当該対象会社の企業価値や資産に大きな悪影響を与える要素が存在しないことを表明しそれを保証する点です。個々の内容をよく確認してください。

図表 5-14　表明保証の例

主体	基本的表明保証の例	一般的な表明保証の例
売主・買主	・当事者組織の有効性、存続 ・SPA 締結・履行の権限 ・SPA に係る矛盾の不存在 ・対象会社の株式保有 ・ブローカーの手数料の不存在	(買主) ・株式譲渡資金の支払能力 ・法的地位 (売主・買主双方) ・訴訟、賄賂等の不存在
対象会社	・対象会社組織の有効性、存続 ・SPA に係る矛盾の不存在 ・資本構成 ・賄賂等の不存在	・財務諸表の信憑性 ・未開示債務の不存在 ・資産の保有 ・帳簿類の維持 ・支払能力の維持 ・開示情報の正確性 ・重大な悪影響を及ぼす事象の不存在 ・重要契約の変更の不存在 ・労務問題の不存在 ・許認可の取得・保持 ・コンプライアンス（法令遵守） ・環境問題の不存在 ・訴訟の不存在 ・保険の適切な付保 ・知的財産権の保有 ・税務問題の不存在

3　表明保証の交渉

売主は表明保証項目をなるべく少なく、買主は表明保証項目をなるべく広範囲にかつ網羅的に設定しようと考えます。なぜなら、表明保証の項目数が増え内容が詳細になると、売主にとっては表明保証違反が生じる可能性が高まる一方、買主にとっては表明保証違反による補償を受けられる蓋然性が高まるからです。

通常、SPA のドラフト（契約書素案）は、売主側から提示されることが多く、そのドラフトでは表明保証の項目数が最小限にされているはずですから、ドラフトを受け取った買主は、自身が必要とする表明保証項目を追記していきます。

特にデューデリジェンスにおいて、アドバイザーの報告書にレッドフラッグやイエローフラッグが立つような懸念事項があれば、その懸念をカバーする表明保証項目を設けるように交渉します。

次に、それぞれの表明保証に関し表明保証違反が生じたことに伴う補償について、補償上限額や補償額累計の下限額、デミニミス（De Minimis：個別補償額の下限額）、補償の請求期限を交渉します。これらの補償の詳しい内容は、SECTION 4 Ⅰを参照してください。なお補償額の算定やその金額制限、請求期限などは、コマーシャルイッシュー（商務面）とリーガルイッシュー（法律面）双方からの検討が必要となります。

4 ディスクロージャー・スケジュール

ディスクロージャー・スケジュール（Disclosure Schedule）とは、売主および対象会社の表明保証の対象除外項目のことです。表明保証の違反に相当する事実や懸念が予め認知されている場合は、その事項を表明保証の対象から外し、ディスクロージャー・スケジュールという一覧表に列挙します。ディスクロージャー・スケジュールが作成されることにより、株式譲渡価格が下落しますが、売主は補償請求を受けるリスクを減じられます。なお、欧州では、ディスクロージャー・スケジュールに加えて、デューデリジェンスの際に売主から開示されたすべての情報を表明保証の対象外にすることが多いようです。

5 ナレッジクウォリファイア

ナレッジクウォリファイア（Knowledge Qualifier）は表明保証の範囲を制限する際に用いられます。売主・買主や対象会社が「知り得る限りにおいて」存在・不存在を表明し保証すると規定するものです。例えば規制監督当局からの調査を受けることや、環境団体から訴訟を起こされるような事象は、当事者が認知することに限度があります。そこで「現に認知していた」または「当然に認知しておくべき」事象のみを表明保証の範囲とし、当事者が「認知し得ない」事象は表明保証の範囲外とします。

6　重大性

こちらも、ナレッジクウォリファイアと同様に表明保証の範囲を制限する際に用いられます。表明保証事項に重大性の限定（＝表明保証が重要な点において真実かつ正確であること）を付けたり、各当事者（売主・買主・対象会社）に重大な悪影響を及ぼす表明保証事項（重大な悪影響を及ぼすような事象が生じていないこと）のみとすることにより、表明保証の範囲を限定するわけです。重大な悪影響を及ぼすことを、英語では「Material Adverse Effect（MAE）」または「Material Adverse Change（MAC）」と称します。

重大性やナレッジクウォリファイアを表明保証にどう織り込ませるかは、交渉で議論になりやすく、また双方のポジションが乖離している場合の妥協策としても用いられます。

Ⅱ　誓約事項

1　誓約事項の目的

誓約事項（Covenants）は、譲渡契約締結からクロージングまで、およびクロージング以降において、売主・買主または対象会社が一定の行為を行うこと、または行わないことを義務付ける条項です。誓約事項の主な目的は、SPA締結時の対象会社の企業価値を劣化させないようにするためです。銀行と借入人との間の融資契約にも誓約事項が登場します。その誓約事項は例えば「銀行の承認なく担保を設定しない」という義務を借入人に課すもので、その目的は借入人の信用力の低下による返済能力の劣化を防ぐものであり、SPAと同じ考え方です。またデューデリジェンスで判明した問題点をクロージングまでに改善することも誓約事項に含まれます。

誓約事項違反の効力はクロージング前とクロージング後で異なります。クロージング前の誓約事項違反は、その違反が重大なものであればSPAの契約解除となり、その違反が軽微であれば相手側に補償請求することが可能となります。また誓約事項が前提条件に該当する場合は株式譲渡取引が実行されないままとなることもあります。一方クロージング後の誓約事項違反による効力は、補償請求に限られます。なぜならクロージング後では買主が株主でありSPAを契約解除できないためです（SECTION 3　図表5-13参照）。

2　誓約事項の例

誓約事項の例は図表5-15の通りです。

図表5-15 誓約事項の例

主体	クロージング前	クロージング後
売主	・対象会社の事業の運営を通常通り継続させること ・対象会社の資産売却、新規投資、新規借入等、対象会社の企業価値の毀損に繋がる行為を禁止すること ・買主が要求すれば対象会社の情報を取得できるようすること ・表明保証違反などがあった場合直ちに通知すること ・買主以外の第三者との間で当該SPAに抵触するような提案や交渉・協議を行わないこと ・デューデリジェンスで判明した問題点を改善すること	・対象会社と競合する事業を行わないこと ・対象会社の役員・社員の引き抜きを行わないこと
売主・買主	・前提条件を充足するために、売主・買主が合理的努力を行うこと	・相手側から入手した情報や当該株式譲渡取引において入手した情報は全て秘密情報として扱うこと

クロージング前における、売主の主要な誓約事項は、対象会社の企業価値を下落させないように、従来通りの事業運営を義務付けるとともに、対象会社の資産売却などをさせないことを誓約させるものです。またクロージング後における、売主の主要な誓約事項は、対象会社と競合関係になる事業を売主自らが行わないと誓約させるものです。

3 表明保証と誓約事項との違い

表明保証は、SPAの締結を行う時点およびクロージング時点で、対象会社の財務や法律などに関する一定の事項が真実かつ正確であることを売主・買主が契約相手側に「表明し」かつ「保証する」ものでした。一方誓約事項は、契約締結から一定の期間の作為または不作為の義務を課すものです。

表明保証も誓約事項も、SPAに対する信頼を高めることが目的です。また表明保証違反も誓約事項違反も契約解除や補償請求に該当することから契約上の効力も一緒です。このため表明保証と誓約事項との違いが分かりづらい面があります。しかし表明保証と誓約事項には以下3点の相違点があります。

まず1点目は、時間軸の違いです。表明保証は、「表明保証を行う時点」で存在する事実を表明保証するものですので、その表明保証の対象は「過去または現在」の事実になり、将来を対象としていません。一方誓約事項はSPA締結から誓約事項の期限までの常時において、作為・不作為の義務を誓約するものですので、「現在から将来にわたる全期間」が対象となっています。

2点目は、条項の目的が「確認」なのか「維持」なのかの違いです。表明保証条項は一時点での当事者による「確認」であり、表明保証を行うことにより、表明保証条項が必要とする目的は達成され完了となります。一方誓約事項は、当事者が将来にわたって作為義務や不作為義務の履行を誓約するものですので、行うべき行為を「維持」し、行ってはならない行為の回避を「維持」することが目的となります。

3点目は、契約違反による責任の違いです。表明保証違反に基づく責任は表明保証をした行為自体に基づくものであり、過失の有無にかかわらず無過失であっても責任を負う無過失責任・厳格責任です。誓約事項は相手方に対する義務であり債務の内容をなすもので、誓約事項違反によって債務不履行責任が生じます。

これらをまとめると図表5-16の通りとなります。

図表5-16　表明保証と誓約事項との差異

	時間軸	目的	責任
表明保証 (Representations and Warranties)	一時点における過去および現在	確認	無過失責任・厳格責任
誓約事項 (Covenants)	現在から将来にわたる全期間	維持	債務不履行責任

Ⅲ 前提条件

1 前提条件の目的

前提条件（Condition Precedent（CP））は、売主・買主・対象会社がクロージング時点で満たすべき要件です。株式を譲渡する際には公的機関への届け出や許認可が必要な場合があります。それらの一定の手続きが完了するまでは株式譲渡をしなくてもよいとするのが前提条件の目的です。売主・買主・対象会社が、前提条件を一つでも満たさない場合には、売主は株式を譲渡する義務を負いませんし、買主は株式譲渡金額を支払う義務を負いません。

つまり前提条件を充足できないと、株式の譲渡および資金の決済が行われず、株式譲渡取引はペンディング状態になります。前提条件が充足されず、株式譲渡取引が実行されないまま一定の期限の日（Long Stop Date）を超えると、契約当事者はSPAを契約解除し株式譲渡取引から離脱・撤退（Walkaway）できます。逆に考えればクロージングが困難な状況が発生したときにクロージングを行わなくとも債務不履行にならないように契約当事者を保護する条項ともいえます。また前提条件が充足されない場合でも、契約当事者が自発的に前提条件を放棄することは可能です。

したがって、売主は、なるべく早くかつスムーズにクロージングを迎えられるように、前提条件の項目数を減らし、ハードルの高い前提条件や売主自らがコントロールできない前提条件を避けようとします。

一方、買主は、なるべく多くの前提条件を設けようとします。なぜなら買主は経営権移転後の対象会社の事業運営に支障が生じないように、株式譲渡に必要なあらゆる各種承認や許認可の取得を前提条件にするからです。さらに買主はSPA締結以降クロージングまでに、売主や対象会社の重大な表明保証違反や誓約事項違反によって対象会社の企業価値が棄損することを懸念しているからです。

前提条件の充足により、買主の株式譲渡金額の支払義務が発生し買主に経営権が移転するため、前提条件は買主にとっての最後の砦です。そのため買主は前提条件を必要十分なものにしようと考えます。さらに前提条件が充足されず、株式譲渡取引がペンディングになったままLong Stop Dateを超えると、買主はSPAを契約解除し株式譲渡取引から撤退できるため、前提条件は強力な条項（伝家の宝刀）であると考えます。

2　前提条件の例

前提条件の例は図表5-17の通りです。

図表5-17　前提条件の例

主体	前提条件の例
売主の義務の前提条件	・買主の表明保証に違反がないこと ・買主のクロージングまでの誓約事項の義務履行に違反がないこと ・買主が買収資金の融資について銀行からコミット得ていること
買主の義務の前提条件	・売主の表明保証に違反がないこと ・売主のクロージングまでの誓約事項の義務履行に違反がないこと
買主・売主の双方の義務の前提条件	・独占禁止法の許可を得ていること ・規制当局による差止訴訟が提起されていないこと ・当該国の外国投資委員会（米国であればCFIUS）の承認を得ていること
(売主と共に) 対象会社が満たすべき前提条件	・対象会社の株式譲渡に、対象会社の取引先、銀行等の第三者の承認が必要な場合に、対象会社が承認を得ていること ・株式譲渡に必要な公的機関の許認可等を取得し、当該譲渡を制限または禁止する法令、司法・行政機関等の判断等も存在しないこと ・対象会社に重大な悪影響を及ぼす事象（Material Adverse Effect (MAE), Material Adverse Change（MAC））がないこと ・対象会社の株主総会が、当該株式譲渡を承認する旨の決議を行っていること ・対象会社の主要従業員からの雇用継続にかかる同意書を取得していること ・対象会社の各種主要契約、各種証明書を提出していること

図表5-17の「主体」例の解釈について補足します。例えば「売主の義務の前提条件」とは、株式を譲渡するという義務を売主に負わせるために買主が果たさなければならない要件という意味です。クロージングにおいて、これらの前提条件を充足していることを証する書面の提示が必要です。また前提条件を充足するために、お互いが合理的努力を行うことを売主・買主の誓約事項に含めます。

前提条件の設定で議論になりやすい事例は、「対象会社に重大な悪影響を及ぼす事象（MAC、MAE）がないこと」という前提条件において「重大な悪影響」とは如何なる事象を指すかについてです。例えば近時話題になったのは新型コロナウイルス感染症による対象会社の業績の下落を「対象会社に重大な悪影響を及ぼす事象」とするかどうかです。売主は売主自身や対象会社の責任でない事由によって、締結済のSPAが実行されず契約解除されることに抵抗を示すのは理解できるところです。一方、買主はSPA締結後の後発事象（ここでいえば、新型コロナウイルスの感染拡大）によって対象会社が重大な悪影響を受ける不確実性を排除したいと考えるのも無理もないところです。

「重大な悪影響を及ぼす事象」を定義することは非常に難しいものです。売主は売主として責任を負えない事象（例えば法令の変更）を「重大な悪影響を及ぼす事象」から「除外」することを求めます。しかし買主は環境関連法令の変更により対象会社が操業停止命令を受ければ、対象会社に重大な悪影響を及ぶことを懸念します。そのため買主は「除外」された「法令の変更」のうち、対象会社に直接的に影響を受ける事象（ここでは環境関連法令の変更）を「除外」の「例外」とするよう売主と交渉します。

3　前提条件と表明保証・誓約事項との整理

ここでは前提条件と表明保証（SECTION 3 Ⅰ）、および前提条件と誓約事項（SECTION 3 Ⅱ）との使い分けを説明します。

前提条件の主たる目的は、前提条件の未充足により株式譲渡取引の実行を止ることができ、その状態が続けば契約を解除できること、つまり買主がM&Aの取引から撤退できることでした。一方、表明保証や誓約事項の主な目的は、売主の重大な表明保証違反・誓約事項違反に伴い買主がSPAを契約解除し取引から撤退できるようにすること、または売主の軽微な表明保証違反・誓約事項違反であれば、クロージングは行うものの、買主が売主に対し補償請求ができるようにすることです。

しかし、前提条件はその内容が買主や対象会社にとって重大な影響を持つかどうかに関わらず、前提条件を充足できないとクロージングを迎えることができず、それが長引けばSPAを契約解除できるという強力な効果を持つ点が特徴です。したがって前提条件の中に「重大な表明保証違反または重大な誓約事項違反がないこと」を含めれば、売主による当該違反により前提条件が充足されず、買主は取引から撤退できますし、売主の表明保証違反・誓約事項違反が軽微なものであれば、買主が売主に補償を求めることでクロージングを達成できます。したがって、補償による金銭的な埋め合わせができない事項は、表明保証や誓約事項ではなく前提条件に含めるべきと考えます。

なお、表明保証事項に重大性の限定を付けたり、各当事者に重大な悪影響を及ぼす表明保証事項のみとすることにより、表明保証の範囲を限定している場合（SECTION 3 Ⅰ 6 **重大性**を参照）で、前提条件を「『重大な』表明保証違反」とする場合は、重大性が「重複」するため、前提条件での重大性を外すようにします。

4　前提条件・表明保証・誓約事項の使い分け

最後にデューデリジェンスによって判明した様々な事象を前提条件・表明保証・誓約事項の各条項にどう落としていくか、つまり前提条件・表明保証・誓約事項の使い分けについて整理しておきたいと思います（図表5-18)。

図表 5-18　前提条件・表明保証・誓約事項の使い分け

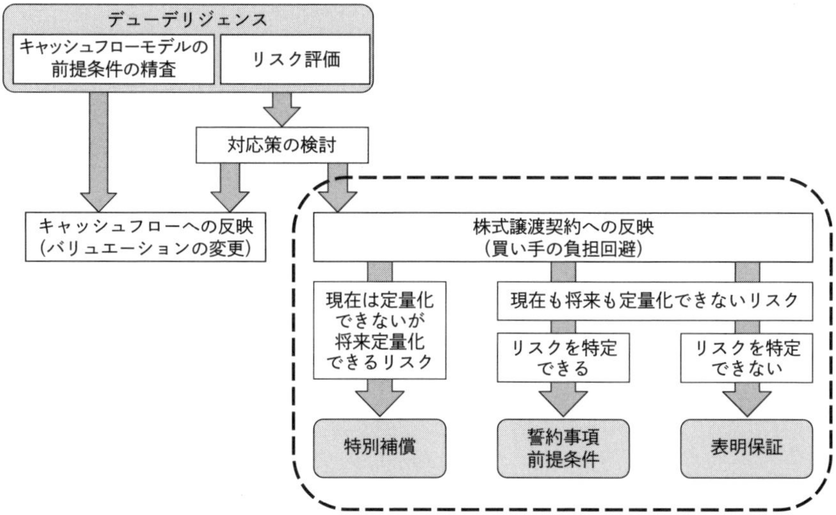

第4章 SECTION 9 デューデリジェンス結果の反映の図表 4-4 で述べた通り、買主のデューデリジェンスによって判明したリスクのうち、リスクを定量化できないためにキャッシュフローへ反映不可能なリスクは、SPA に反映します。

定量化できないリスクのうち、現時点では定量化できないが、将来定量化できるリスクがあります。それは係争における判決や和解による支払です。判決や和解の支払による対象会社の損害額は、係争が続く間予測できませんが、判決が出たり和解に至れば買主の損害額が判明します。このリスクに対しては特別補償を用います（SECTION 4 I　補償を参照）。特別補償は対象会社が訴訟を抱えているという個別リスクが存在し、将来顕在化した場合、表明保証違反の有無に関わらず事後的に定量化できた段階で売主に金銭的な補償を請求できるものです。

現在においても将来においてもリスクの定量化ができない場合は、そのリスクが特定されているか否かで対応が変わります。リスクが特定されている場合は、SPA の誓約事項または前提条件に落とし込みます。誓約事項においては、クロージングまでにデューデリジェンスで判明した問題の改善を行うよう義務づけること、前提条件ではチェンジ・オブ・コントロール（COC）条項（対象会社の株式譲渡に際し対象会社の取引先、銀行などの第三者の承認を必要とする条項）について、対象会社が承認を得ること、などが例として挙げられます。

具体的にリスクが特定されていない場合は、表明保証条項に落とし込みます。売主の表明保証の中で、当該リスクの不存在を表明保証させます。万一当該リスクが現実になった際に、買主が契約の解除や損害の補償を求められるようにします。想定されるリスクとしては、財務諸表の信憑性のリスクが例として考えられます。

契約違反

表明保証はSPA締結時点およびクロージング時点で財務や法律などに関する一定の事項の存在・不存在を表明し、その内容が真実かつ正確であることを保証するものでした。また誓約事項は譲渡契約締結からクロージングまでおよびクロージング以降において、売主・買主または対象会社が一定の行為を行うこと、または行わないことを義務付ける条項でした。そして、前提条件は、売主・買主・対象会社がクロージング時点で満たすべき要件でした。

では、表明保証と誓約事項に違反があった場合、または前提条件が満たされなかった場合どのような救済に結び付くのかを、取引の流れに従って改めて図表5-19を使って確認します。

図表5-19　表明保証・誓約事項・前提条件と契約解除・補償との関係　（再掲）

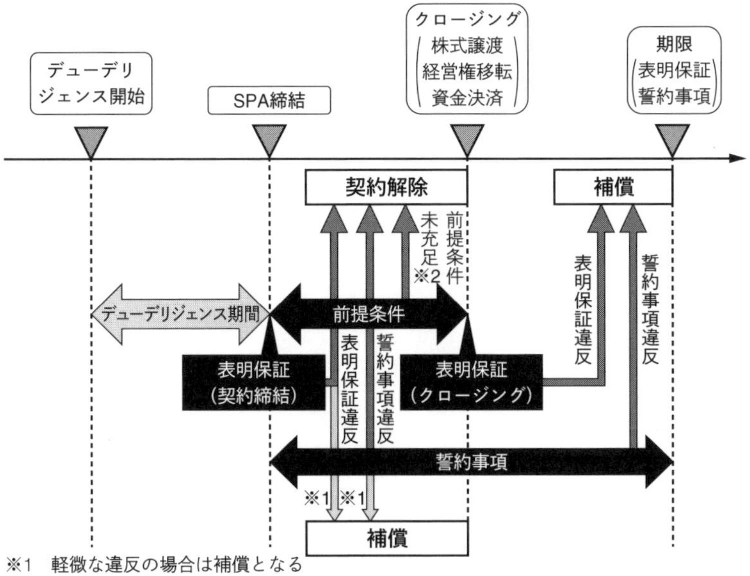

※1　軽微な違反の場合は補償となる
※2　一定期限を超えると契約解除となる

クロージング前に重大な表明保証違反や誓約事項違反があれば、SPA が契約解除されますが、もし軽微な違反であれば補償条項によって金銭で解決し、クロージングは実施されます。一方、クロージング後に表明保証違反や誓約事項違反があれば、もはや契約解除ができないため、金銭による補償で解決することになります。一方前提条件の未充足はクロージングをペンディングにしますが、未充足状態が一定の期限を超えると契約解除になります。

次項からはこの補償と契約解除について解説します。また補償に代わる手段として保険会社による保険金で損害を補償する表明保証保険についても説明します。

Ⅰ　補償

1　補償の目的

補償（Indemnification）とは、表明保証違反や誓約事項違反が判明した場合に、相手側の損害を金銭で償うことです。補償は視点を変えれば株式譲渡価格の「事後調整」と捉えることができます。買主のデューデリジェンスによって発見された偶発債務などは企業価値の減価要因になるため、株式譲渡価格に反映すべく譲渡金額の引き下げ交渉を行います。しかし、デューデリジェンスによって発見された減価要因の損害額が未確定である場合、またはその損害が発生する蓋然性が見通せない場合は、株式譲渡価格に減価要因を反映させることが困難です。したがってその損害が万一発生した際に、補償により損害額を金銭で補います。そのため補償は株式譲渡価格の事後調整と見做せるのです。

2　補償の条件

図表5-20は主な補償の条件を列挙しています。補償は売主・買主の利害が大きく対立する論点ですので、補償には詳細かつ複雑な条件や制限が設けられます。したがって補償の構造を正確に理解することはもちろんですが、「当該補償の実効性」や「各補償条項間の整合性」を確認するとともに、「損害発生の蓋然性および想定損害額」と「補償の内容」とのバランスが適切であるかの確認が重要です。

補償額の上限は、株式譲渡価格の一定割合によって定められます。ただし、表明保証違反事項が買主や対象会社に極めて重大な影響を与える場合（基本的表明保証の違反など）や、違反が詐欺的な内容である場合は、上限額が引き上げられる、または株式譲渡価格を上限にすることがあります。

補償額の下限としてデミニミスを設ける場合は、個別事象ごとに下限額を超

図表5-20　補償の各種条件

金額制限	補償額の上限	補償額の累計合計の上限 株式譲渡価格の一定割合または生じる可能性のある偶発債務から算定される
	補償額の下限	①バスケット：買主による補償請求が可能となる最低金額のこと。損害額が僅少の場合、表明保証違反などの有無に関する売主・買主間の論争が避けられる ②デミニミス：個別事象の補償請求ごとに補償金額の下限を設けること
	下限を超過した場合	補償額が上記①のバスケットを超えた場合、 ①超過部分を補償額とする、または ②バスケット以下の金額も含めて補償額とする という2つの方法がある
請求期限	違反に伴う補償請求の期限	一つの請求期限とはせず、表明保証の内容によって、請求期限を変えることがある （企業価値を大きく変える事象や、基本的表明保証、税金などの時間を要する事象に関する、請求期限は長期間とする）
特別補償	個別事象の補償	対象会社に訴訟案件等がある場合、表明保証違反の有無に関わらず、補償を行うもの

えたものだけを累計してバスケットを超えれば、補償額を請求できることになります。

特別補償はデューデリジェンスによって判明した訴訟、税務、環境などの個別リスクが顕在化した場合、表明保証違反の有無に関わらず補償を求めることができるようにしたものです。一般的な表明保証違反の補償よりも買主に有利な補償となります。

買主はなるべく不利益を被らずに対象会社を円滑に運営していくため、補償条項で正当な権利を主張したいという意向がある一方、売主はなるべく買主からの補償請求を避けたいという意向を持ちます。また当然ながら、売主は株式をなるべく高い価格で譲渡したいと考え、売主はなるべく安価な価格で株式を譲受したいと考えています。株式譲渡価格の事後調整である補償条項の条件は、株式譲渡価格と天秤に掛けて交渉されますので、補償条件と株式譲渡価格のバランスを見定めつつ相手と交渉していくことが肝要です。

3　プロ・サンドバッギングとアンチ・サンドバッギング

次に買主が株式譲渡前にある事実を認知していた場合、その事実に関する売主の表明保証違反に伴う補償請求が影響を受けるか否かについて触れておきます。

買主は売主の表明保証違反がないことを前提に株式譲渡価格を設定します。したがって、買主がデューデリジェンスによって事前に認知していた事象であっても、補償請求が妨げられることがないとする規定をプロ・サンドバッギングといいます。

一方、買主がデューデリジェンスによって認知していた、または売主の表明保証が不正確であることを認知していた場合は、補償請求を行えないとする規定をアンチ・サンドバッギングと呼びます。アンチ・サンドバッギングは買主が事実を認知した上で株式譲渡価格に合意したのであるから、補償は求められないという論理です。

これらのサンドバッギング条項がSPAに盛り込まれない場合、補償請求の可否はSPA上の準拠法や管轄裁判所の判断に依拠することになります。

図表5-21　プロ・サンドバッギングとアンチ・サンドバッギング

デューデリジェンスによる認知事項と補償請求	
プロ・サンドバッギング	買主がデューデリジェンスによって認知していた事項であっても、表明保証違反によって補償を請求できる
アンチ・サンドバッギング	買主がデューデリジェンスによって認知していた事項、または表明保証違反を認知していた事項は補償を請求できない

4　第三者からの請求

第三者から補償請求があった場合の売主への補償請求手続きはどうなるでしょうか。まず買主から売主へ「第三者による補償請求の事実を通知」し「第三者の補償請求内容を連絡」します。それを受け売主は第三者の補償請求への対抗手段（defense）を（買主を介さず）直接管理（control）できるものとし、売主は第三者と直接交渉の上、合意を得ることができるものとします。なぜなら、もし売主が第三者への対抗手段を直接管理しなければ、買主が第三者に対して真摯な交渉を行うことを怠り、第三者の補償請求額をそのまま売主に補償請求（転嫁）しようとする可能性があるからです。

5　救済方法の限定

最後に救済方法の限定（Exclusive remedy）について述べておきます。SPA の補償条項では、表明保証違反、誓約事項違反については、補償請求が唯一の救済方法（Exclusive remedy）であると規定されます。補償条項では補償の条件や制限が細かく定められますが、これらの条件や制限のない救済が認められてしまうと、補償の条件や制限が意味をなさなくなるためです。また売主がファンドの場合は、クロージング後にファンドが償還されると補償金の支払能力に懸念が生じるため、それを担保するために、予め準備されたエスクロー（信託口座）の資金からのみ、救済されるものとされます。

Ⅱ 表明保証保険

表明保証保険とは、売主の表明保証違反があった際、買主から売主へ補償を求める代わりに、表明保証違反を理由に保険会社から保険金を受け取る仕組みです。近時のM&Aで表明保証保険を用いられることが一般的になってきており、SPAに関連する事項ですので、表明保証保険の内容やメリット、留意事項などを説明します。

表明保証保険は買主が被保険者になるものと売主が被保険者になるものがあります。M&Aでも用いられる表明保証保険は買主が被保険者になるものがほとんどです。ここでは、買主が表明保証保険の被保険者になる場合を説明します。両者の違いは図表5–22の通りです。

図表5–22　被保険者による表明保証保険の違い

表明保証保険の被保険者	表明保証保険内容
買主	売主の表明保証違反があった場合、買主が保険会社に保険金を請求する
売主	売主の表明保証違反があり、買主から補償を求められた場合、売主が保険会社に保険金を請求する

次に、表明保証保険の買主、売主、双方にそれぞれの主なメリットを列挙すると図表5–23の通りとなります。

買主の最大のメリットは、表明保証違反に伴う補償は保険会社から保険金で支払われるため、補償請求時の売主との紛争はなくスムーズに補償相当額を受け取ることができることです。売主の最大のメリットは、表明保証違反による補償リスクを保険会社に転嫁できる点です。

このように、表明保証違反に伴う補償については売主・買主間で紛争になりやすいところ、保険会社を噛ませることにより、補償を合理的かつ迅速に解決できるメリットは少なくありません。またSPAの交渉において、補償に関する

図表 5-23　表明保証保険の利用メリット

	表明保証保険の利用メリット
買主	・売主の表明保証違反により補償を求める際、 ①補償責任の有無や補償額にかかる売主との係争（含む訴訟など）が生じることがない ②保険会社から円滑に補償相当の保険金を受け取れる ③係争等が生じないので売手との協力関係が維持される ④売主がファンドなどで時限性のある組織だったり、個人などで補償支払能力に懸念があっても、補償が支払われないリスクを減らすことができる ・買主は売主に了解なく表明保証保険を付保できる ・知見や経験のない投資案件のリスクヘッジができる
売主	・買主からの補償請求のリスクを保険会社に転嫁できる ・売主がファンド等の場合、補償の義務を負わないため、売主のファンドの償還に影響を与えない ・株式譲渡の入札条件として買主の表明保証保険の付保を義務付けることで、バーゲニング・パワー（交渉力）を持ちつつ、表明保証違反の補償責任を免れることができる
双方	・表明保証違反による補償内容の負担を任意に設定できる（補償額や補償範囲を売主と保険会社に個別に割り振ることが可能、即ち売主の表明保証違反の補償を保険会社の保険金に限らせる場合や、保険金で損賠賠償を回収できない場合は保険金上限を超える部分を売主に請求できる場合など） ・売主・買主の表明保証違反に伴う補償のポジションのギャップを埋めることができる ・表明保証保険の保険料の支払負担を買主とするか売主とするかは交渉次第である（買主が独自に付保する場合を除く）

売主・買主のポジションのギャップがある場合、表明保証保険はそのギャップを埋めるドライバーになります。

ただしリスクを引き受ける保険会社は、表明保証保険の付保にあたり様々な付保対象外とする条件（免責事由、免責額、支払限度）を定めます（図表5-24）。

例えば、買主のデューデリジェンスによる既知のリスクは表明保証保険の付保対象に含まれません。また付保対象は一般的なリスクに限られ、案件固有の特殊なリスクや不可抗力は含まれません。また免責額が設定されますので、損害額が免責額未満の場合は、買主の負担となり、損害額が免責額を超えれば、その超過分が保険金として支払われます。さらに支払限度が設定されますので、損害額が支払限度を超えた場合は、買主は免責額未満の金額と支払限度を超過

図表 5-24　表明保証保険の付保条件

項目	留意事項
免責事由	・既知のリスク ①デューデリジェンスレポートの記載事項 ②(場合によっては) 売主によって開示されたすべての情報 ③表明保証の除外事由（ディスクロージャー・スケジュール) ・デューデリジェンスの対象外とされたスコープ（買主がデューデリジェンスを十分に実施していることが付保の前提であるため) ・贈収賄に伴う罰金や環境汚染に起因する損害 ・当該案件固有の特殊な表明保証 ・詐欺的な表明保証違反（fraud)
免責額	・表明保証保険には免責額（Retention）が設定されており、補償額がその免責額を超えた場合に超過額のみが保険金となって支払われる ・また個々の補償請求額が最低請求金額（デミニミス）が超え、かつその個別の最低請求金額の合計が免責額を超えないと補償が支払われない場合がある
支払限度	・買収額の一定割合とする保険金支払限度が設定される

した金額の合計の損害を自己負担することになります。

売主の表明保証違反の補償を保険会社の保険金に限らせて、売主の補償責任をゼロにする場合（これを Nil Recourse といいます）や、損害額が保険金支払限度を超える場合は超過部分を売主に補償請求できる場合など、売主と保険会社との間で補償責任を割り振ることが可能です。

また入札手続きで、買主が被保険者となる表明保証保険の付保が義務づけられること（これを Stapled Insurance といいます）があります。売主が補償責任を回避するためであり、買主にもメリットがあることから近年よく用いられます。

Ⅲ　契約解除

1　契約解除の目的

契約解除（Termination）とは、SPA の効力を満了前に終了させることです。契約解除するには解除事由が生じる必要があります。SPA における契約解除はクロージングまでに発生した重大な表明保証違反、重大な誓約事項違反、またはそのほかの契約違反を契約解除事由とします。また SECTION 3 Ⅲ 前提条件で述べた通り、前提条件が充足されないため、株式譲渡取引が実行されないまま一定の期限の日（Long Stop Date）を超えた場合も契約解除事由とされます。

一方クロージング以降の契約解除は、株式の譲渡後であるため通常認められておらず、金銭による補償によって解決が図られることになります。またクロージングまでに発生したクロージングを妨げるほどではない軽微な契約違反は、金銭による補償で解決します（SECTION 3 図表 5-13）。

重大な表明保証違反や重大な誓約事項違反を契約解除事由とする際は、契約解除のインパクトが大きいことから、売主・買主の間で論争を引き起こす可能性があり注意が必要です。

2　違約金

上記のように Long Stop Date までにクロージングが達成できず、SPA を契約解除する場合には、買主は売主または対象会社に対して違約金を支払うことがあります。この違約金のことを Reverse Termination Fee または Reverse Breakup Fee と呼びます。

この Fee 条項の設定により売主はクロージングのリスクを買主に転嫁でき、売主の機会損失を減少させることができるほか、買主に前提条件を充足させるインセンティブを与えることができます。一方買主は、前提条件の未充足が買主の力量を超える不可抗力を理由とする場合も想定されることから、違約金の設定を避けるべきです。

SECTION 5

一般条項

一般条項（Boiler Plate または General Provision）とは、SPA に限らず、英文契約書に定められることが一般的とされる条項です。一般的ということは、どの英文契約書にも共通する重要な条項であるわけで、正しく理解しておく必要があります。SPA では通常契約書の最後に位置し、Miscellaneous や、Administration という章名になっていることが多いようです。国内の契約書では馴染みの薄い条項を以下に列挙します。

1　完全合意事項（Entire Agreement）

英米法においては口頭証拠排除原則が認められており、口頭または本契約書締結以前に交わした了解事項などはすべて本契約書に記載されており、本契約書に記載されていない本契約書締結以前の口頭合意や書面合意は無視されるという規定です。本契約書締結後の契約変更は両者の合意のもと書面で行われます。

2　準拠法（Applicable Law、Governing Law）

準拠法は国内の契約書でもお馴染みですが、準拠法を日本法にすることで思考が止まります。しかしクロスボーダーのインフラプロジェクトの M&A の場合は、どの国の法律にもとづいて契約を解釈するかを決めることの重要性は明らかです。基本的に対象会社の所在国の法律を準拠法とすべきところですが、対象会社が新興国に所在する場合は売主・買主または第三国でかつ先進国の法律を準拠法とします。先進国の法律であれば当事者の一方だけが不当に扱われる可能性が低く、弁護士事務所の数も多くレベルが高いからです。なお、SPA

で論点となる表明保証違反や補償については、準拠法によって解釈が異なることが多いので、弁護士によく確認することが重要です。

3　裁判管轄（Jurisdiction）

準拠法とセットとなるのが、裁判管轄（Jurisdiction）です。本契約での紛争をどの裁判所で提訴するかを定めるものです。通常は準拠法を適用する国や州の裁判所管轄としますが、新興国の場合は、その裁判所の公平・中立性、訴訟の長期化などに懸念があるため、第三国を仲裁地とする仲裁（Arbitration）を紛争解決の手段に定めることもあります。裁判と仲裁の違いは、裁判官は選べませんが仲裁人は原則的に選ぶことが可能であること、裁判は三審制ですが、仲裁は一回の審議であることです。また裁判は公開されますが、仲裁は非公開で行われます。また裁判のあとに仲裁で争うことはできず、逆も原則同じです。どちらも時間とコストがかかりますがSPAの内容に応じて合意すべきことになります。

4　権利放棄（Waivers、No Waiver）

権利放棄条項は一見難解ですが、一旦理解すればさほど難しくありません。ポイントは2点あり、1点目は契約上の権利を行使しなかったとしても、その権利そのものを放棄するわけではないことです。もう1点は契約上の権利を放棄したとしても、それはその場限りであり改めての権利行使は妨げられないというものです。

5　修正変更（Amendment）

完全合意事項（Entire Agreement）で言及しましたが、本契約書締結後、契約書を修正するには両者の代表者による署名による書面での合意が必要であるという条項です。

6　分離条項（Severability）

本契約書の一部が違法・無効であったとしても、そのほかの条項に影響を与えないとするものです。契約書は当然ながら一体性が求められますが、一部が違法・無効であるだけで、契約書全体が違法・無効とすると混乱を来すため分離条項を設けます。

7　見出し条項（Headings）

各章や各条項の文頭に書かれる見出しは、あくまで参考のために記載されたもので、本契約の一部とはならず、本契約の解釈などにも影響を与えないとするものです。見出しは英文契約書を読みこなす上で非常に有益ですが、契約の建付け上はこのように解釈されます。

SECTION 6

株式譲渡契約の最終確認と契約締結

1　SPAの最終確認

SPAの交渉は「タームシート」と呼ばれる主要な契約事項を箇条書きにまとめた条件書を作成しながら交渉する場合と、SPAのドラフト（契約書素案）をもとに交渉が行われる場合とがあります。

インフラプロジェクトの株式譲渡のケースでは後者の場合が多く、その場合売主がSPAのドラフトを準備します。そのSPAのドラフトは、当然ながら売主にとって有利な内容で作成されています。そのため買主はそのドラフトにマークアップ（mark up：修正要望）をすることで、買主のポジションを主張していきます。

この買主の契約書ドラフトへの修正要望は、法的拘束力を持つ提案書（Binding Offer（BO））の提出前に買主から求められることが多いです。SPAのドラフトへの修正要望はBOと違って法的拘束力を持ちませんが、売主がBOを評価する際、買主の修正要望内容はBOの評価要素となります。したがって買主の修正要望が売主にとって受容不可能であったり、修正要望数が多かったりすると、BOの提示価格が高くともBOの評価を引き下げることになります。一方でBOが売主に受け入れられ、優先交渉権を得たのちに、後出しでSPAの修正要望を出すとSPAの交渉が難航します。したがって、SPAへの修正要望の内容や出すタイミングについては、買主のFAや弁護士とよく相談します。

また同時に株主間契約や事業会社の定款に対しても修正要望を行います。株主間契約は既往株主間で締結済であり、新たな株主となる買主が、株主間契約の大きな変更を求めることはハードルが高いですが、新株主になっても不利な扱いとならないよう必要な修正を求めていきます。

その後売主・買主はお互いにコメントの応酬を行います。売主はなるべく株式譲渡取引の実行確度を高めるとともに、株式譲渡後の補償請求を少なくしたいというポジションとなります。買主は経営権移転後に不利益を被らないように、また買収後の事業を円滑に運営するために、正当な権利を主張したいというポジションとなります。両者のポジションが衝突した結果、利害関係を上手く調整できれば最終ドラフトの作成にかかります。

その際もう一度確認しておきたいことは、買主が時間と費用をかけたデューデリジェンスによって明らかになった事象が、表明保証と誓約事項、前提条件に過不足なく反映されており、表明保証と誓約事項の各違反や、前提条件の未充足がトリガーとなる契約解除、補償などがバランスの取れた内容になっているかという点です。

特に補償については、補償範囲や補償の例外、補償金額の上限・下限について改めて精査し、デューデリジェンスの結果が意図通りカバーされているか、また各種補償の中でバランスを逸したものとなっていないかを確認します。

SPA 締結間際になると様々な調整事項が輻輳し、SPA の細かなチェックが疎かになりがちです。SPA のドキュメンテーション（文書化）は弁護士任せにせず、売主・買主の権利義務が契約書に正しく記述されていること自分自身で確認します。

2　契約締結

クロスボーダーの SPA の締結にあたり、事務的に煩雑な作業となるのが、署名手続きです。

日本の国内契約の締結に係る主な署名手続きは、契約当事者である代表取締役の記名（印刷やゴム印）をした上で当該企業の実印を押印し印鑑証明書を添付する方法のほか、本人の直筆による署名（＋捺印）、電子署名などですが、クロスボーダー契約の署名手続きは、本人直筆のサイン（手書きの署名：日本語でも英語でも可）になります。

契約締結の原則は、代表取締役などの署名権限者が買収先企業の所在する国に赴き、現地国の公証人の面前で署名することですが、海外であり契約締結日は流動的ですので、役員のスケジュールの観点から実務上のハードルが高くなります。

そこで契約書の署名権限者が現地の法律事務所の弁護士に委任状（Power of Attorney）を発出し、署名権限者の代理人となる当該弁護士に現地国の公証人の前でサインさせるケースがよく見られます。そこで問題となるのは、委任状のサインが署名権限者本人のものであることの（当該国で通用する）証明を取得することです。

この証明手続きは外国向け私文書の認証と呼ばれ、「公証（notarization）手続き」と「認証（legalization）手続き」の2つのプロセスを必要とします。図表5-25を参照してください。「公証」と「認証」の違いですが、「私文書」の署名

図表 5-25　公証・認証手続き

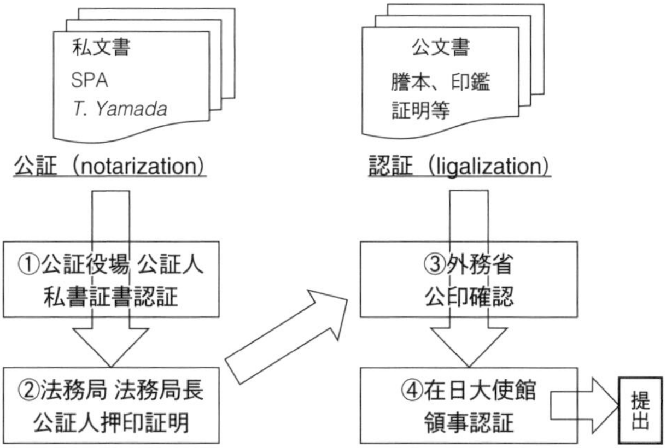

アポスティーユ：提出先国がハーグ条約締結国の場合に、④を省略できる

ワンストップサービス：東京や大阪等の公証役場で、②と③を省略できる
当該認証においてアポスティーユを利用できれば、④も省略できるが、ハーグ条約締結国でない等で公印確認となる場合は④は省略できない。

その他：埼玉や千葉等7県の公証役場では、②の経由を省略できる
（2024年3月時点）

などの確認行為が「公証」であり、「公文書」の公印の確認行為が「認証」です。

SPA締結に関する委任状は私文書ですので、署名権限者が日本の公証人役場へ出向き、公証人の面前で当該委任状に直接サインし公証人がこれを証明します（私書証書認証：①)。

次に公証人の所属する法務局へ委任状を持参し、法務局長から公証人押印証明を取ります。公証人押印証明とは、公証人の所属する（地方）法務局長が、認証の付与が在職中の公証人によりその権限に基づいてされたものであり、かつ、その押印は真実のものである旨の証明を付与するものです（公証人押印証明：②)。

公証人押印証明があれば、公証人が認証した公文書と同等の扱いとなりますので、認証手続きに移ります。次に委任状を外務省へ持参し、公印確認またはアポスティーユを取得します。公印確認は日本の官公署、自治体などが発行する公文書（ここでは法務局長の公印のある公文書）に対する外務省の証明のことです。次のステップの領事認証を取得するために必要となるのがこの外務省の証明です（公印確認：③)。

外務省の公印確認が取得できれば、当該国の駐日大使館・(総)領事館で外務省の印の認証を得ます（領事認証：④)。領事認証が得た委任状を当該国弁護士事務所へ提出すれば、署名権限者のサインの真正性が認められることになるわけです。

なおアポスティーユとは、外務省の公印確認に代わるハーグ条約に基づく外務省の証明のことです。外務省でアポスティーユを取得すると駐日大使館・(総)領事館の領事認証を得たものと同等の扱いとなり、提出先国で使用することができます（領事認証が不要になります)。ただし提出先国がハーグ条約締約国である必要があります。なお一部の公証役場では、この一連の手続きの一部を省略できるワンストップサービスが設けられています。また、署名する契約書の種類や準拠法、提出先国などによって、これらの手続が異なる場合があります。

SECTION 7

クロージング

クロージング（Closing）とは、SPA 締結後、前提条件を充足することで、株式の譲渡と買収資金の払い込みが行われることです。通常 SPA の締結からクロージングまでに数週間から数ヵ月の期間を必要としますが、案件によってはSPA 締結日にクロージングを行う取引もあります。

なお、株式の譲渡や買収資金の払い込みの詳細については第 3 章 SECTION 11 クロージング手続きを参照してください。

SPA のクロージングの条項では、譲渡株式や資金の授受のスケジュール、クロージング時に提示すべき書類（証明書、承諾書など）のほか、クロージングを達成できないために本 SPA が無効となる期限である Long Stop Date が定義されていますので、それらに従い手続きを進めていきます。

クロージングに必要な前提条件の充足状況の確認やクロージング時に提示すべき書類の準備に漏れがないようにするために、クロージングチェックリストを作成することがあります。クロージング時に提示すべき書類の例は、株式が売主から買主に移転することに伴う株主の権利の譲渡と義務の引継ぎを約するAssignment and Assumption Agreement や、株式譲渡・譲受を承認した取締役会・株主総会の議事録、独占禁止法に関する当局からの通知書、表明保証や誓約事項の違反の不存在を証明する書類などです。

最後に Long Stop Date についてです。Long Stop Date とは前提条件を充足できないため、クロージングを迎えられないままになった場合、SPA を契約解除できる日のことです。SPA を締結したにも関わらず、クロージングを迎えることができない事象が続くことにより、売主・買主双方は不安定な状態に置かれます。そのため一定の期限を設ける必要があり、Long Stop Date が定義されます。一方 Long Stop Date の設定により、前提条件の充足を促す効果が見込まれます。

SECTION 8

契約書交渉の留意点

SPAに関する最後のSECTIONでは、契約書の交渉で留意すべき点を一般的に説明したいと思います。また英文契約書の読み方のコツと英文契約書の留意点も記載します。

1　契約書交渉

（事前準備）

・交渉の臨む前に論点を予想しておきます

・その論点に関する相手の要求を想定しておきます

・その相手の要求に対抗できる代替案と優先順位を決めておきます

・その論点について自社の最終的なポジションを決めておきます

（交渉現場）

・相手から論点を挙げられた（raise）際、その意図を正しく理解できるまで、時間を取り、FAや弁護士とよく相談したうえで、対応を検討します

・その論点をCommercial issue（商務）とLegal issue（法務）とに峻別し、弁護士と役割分担します

・Commercial issueは過去事例を参照しつつFAと相談し自分で判断します

・一方Legal issueは素人判断をせず弁護士に任せます

・ただしCommercial issue、Legal issueとも、最終的な責任は自分にあることを自覚します

・相手の要求を頭から否定せず、自社のリスクが最小となる代替案を提示します。

・ただし代替案を提案することで、ほかの条項へも波及する場合は、代替

案の提示は慎重に判断します

・交渉は生き物でありますので、過去事例に捉われることなく判断します

2 英文契約書の読み方のコツ

・何が述べられている条文かを推測します
・SVOC を見つけ、主文を理解します
・修飾（関係代名詞・形容詞・副詞）の掛り方を整理します
・並列関係（and, or）にある単語・節を整理します
・助動詞（shall, may）の意味を正確に理解します
・代名詞（it や this）が何を指すのかを確認します
・否定（部分否定、二重否定）の構文が多用されるので、よく確認します
・場合分けをされている場合は樹形図を作成して正しく理解します
・日本語として意味の通じる（腹に落ちる）訳文にします
・なるべく多くの英文契約書を読んで相場観を養います

3 英文契約書の留意点

・準拠法が英米法の場合、英米法には「口頭証拠排除原則」という口頭合意を契約内容として認めず書面を重視する考え方があり、契約書の英語表現は、厳格かつ網羅的になり、考えられるすべての事項を盛り込もうとします。また英米の法体系がコモンローで判例法をもとにしているため、権利義務や補償の方法などは事細かく規定します。このため英文契約書のボリュームは国内契約書の比ではなく、極めて長文となります。
・英文契約書では、さまざまな状況に応じて義務権利や補償の方法を一つ一つ整理して記載していきます。日本の民法には「信義誠実の原則（信義則）」があり、問題が起きたらその時にお互いに誠実に協議をして解決しようとします。英米法ではさまざまな状況を予め設定し、その状況

ごとに、両当事者の権利義務を定める作業が必要です。普通には想定しえない状況の権利義務関係であっても、軽視せず粘り強く交渉を進めることが大切です。

COLUMN　SPA交渉の山場

SPAのポイントは理解できたでしょうか。SPAは売買契約書の一種ですが、売買される対象会社は「日々変化しつつある企業体」です。そのため対象会社に内在するリスク（不確実性）の発現によって、買主に損害を与えることがあります。その損害を未然に防止するために第3章や第4章で詳説した対象会社のデューデリジェンスを実施するわけです。

しかしそのデューデリジェンスが緻密かつ正確に実施できても、デューデリジェンスによって明らかになったリスクの株式譲渡価格への反映や、SPAの補償条項への盛り込みができなければ、コストをかけたデューデリジェンスは宝の持ち腐れになってしまいます。

そのためデューデリジェンスによって発見されたリスクの発現により買主が被る可能性のある損害額を、売主による金銭的補償に繋げるプロセスは大変重要です。そのプロセスとは、SPAの中で、「そのリスクの発現を明確に補償対象に定義すること」、および「買主の損害をカバーする補償額を正確に定めること」です。

このプロセスが売主と買主の間の最大の論点となります。なぜなら、リスクの存在そのものや、そのリスクが実際に発現する確率について、売主・買主の考え方が異なるからです。

なぜなら買主は「デューデリジェンスによって明らかになったリスクは将来対象会社の損失に繋がるシリアスな問題だ」と主張する一方、売主は「そのようなリスクは存在せず、仮に存在したとしても将来損害をもたらす確率は低い」と主張するからです。

両者のポジションは簡単には歩み寄らず、延々と議論を戦わすことになるでしょう。永遠に合意に至らないのでは、と思われるかもしれません。

しかし、売主と買主は裁判で争っているのではありません。両者の利害は対立するものの、「売主は株式を譲渡したい」、「買主はその株式を譲受したい」という希望があります。どんなに利害を調整しても、解決できない論点は残ります。売主・買主はそれらの論点に優先順位をつけ、双方が納得できる落としどころを探っていくしかありません。

SPA の締結およびクロージングの達成は、大変困難なことです。

皆さんの取り組まれるインフラプロジェクトの M&A が、その困難を克服し、売主・買主の双方が「ノーサイド」となり、無事成約に至ることを祈ります。

用　語　集

あ行

アポスティーユ

在日大使館・(総)領事館の領事認証があるものと同等のものとされる外務省の証明。提出先国はハーグ条約締約国のみ

アーンアウト条項

クロージング以降に対象会社が経営成績指標などを達成すれば、買主が株式譲渡金額の追加額を支払うもの

アンチ・サンドバッギング

買主がデューデリジェンスによって認知していた、または売主の表明保証が不正確であることを認知していた場合は、補償請求を行えないとする規定

イエローフラッグ

デューデリジェンスレポートにおけるレッドフラッグほどではないが対象会社の価値を棄損しうる問題

違約金

Long Stop Date までにクロージングが達成できず、SPA を契約解除する場合に買主が支払うもの

インカムアプローチ

対象会社の将来の利益予想やキャッシュフロー予想に基づいて企業価値を評価する手法

インフォメーションメモランダム

案件概要書。売却対象会社の企業・事業などに関する情報を詳細に記載した資料。将来キャッシュフローモデルが含まれる場合もある

運転資本

事業活動を継続するために必要な手元資金

エグジット

M&AやIPOを通じて、他者に株式を譲渡することにより投資を回収すること

エスクロー

第三者寄託と呼ばれる。契約当事者の間に中立の第三者である金融機関が入り、譲渡金額を決済することで、取引の安全性を確保する仲介サービスのこと

エスクローエージェント

エスクローとなる金融機関

か行

価格調整方式

株式譲渡価格の価格調整方法の一つで、基準日からクロージングの間の純有利子負債、正味運転資本、純資産の変動をもとに、クロージング後に株式譲渡金額を精算するもの

株主間契約

プロジェクトなどを実施する非公開会社の会社運営や株式譲渡に関する独自のルールを複数の株主間で合意するための契約

株式譲渡契約

株式の売買契約

完工

工事を完了すること

企業価値

企業全体の経済的価値

議決権

会社の経営方針などを決議する株主としての権利

キャッシュアウト

出金により現金が減少すること

キャッシュイン

入金により現金が増加すること

キャッシュフローモデル

将来の収益を計算して、長期間のキャッシュフローを計算する業績予測ツール

強制売却権（Drag along）

ある株主が株式の大半を第三者に譲渡しようとする際に、他の少数株主に対しその保有株式を売却する義務を負わせ、買主が少数株主に対して、株式売却を請求できる権利（全株式を買い取れる仕組み）

共同売却権（Tag along）

ある株主が株式の大半を第三者に譲渡しようとする際に、他の少数株主が取り残されたくないと考え、自分の株式も同条件で買い取るよう、第三者の買主に要求できる権利

グリーンフィールド

インフラ投資では事業化準備調査から完工までの段階を指す

グリーンフラッグ

デューデリジェンスレポートにおける問題はないが留意すべき事項

クロージング

株式譲渡取引の実行。株式の譲渡と譲渡代金の支払により、経営権の移転が完了すること

契約解除

株式譲渡契約の効力を満了前に終了させること

公証

私文書の署名などの確認行為

固定価格方式

基準日に株式譲渡価格を固定し、基準日以降の財務内容の変動を株式譲渡価格に反映させないもの

さ行

サイトビジット

現地実査。デューデリジェンスの一環として工場などの現地を訪問し、買収対象会社の実態を確認すること

財物損害保険

建物や動産について、火災や風災、水災などの自然災害、不測かつ突発的な事故や電気的・機械的事故などによる損害を補償する保険

先売権（RoFO：Right of First Offer)

ある株主が株式を売却しようとする際、まずそのほかの株主が買取をオファーする権利のこと。両者で株式譲渡の交渉がまとまらない場合は、その株主は当該オファーを上回る価格で第三者に株式を売却することができる

先買権（RoFR：Right of First Refusal)

ある株主が株式を第三者に譲渡しようとするときに、その第三者との間の譲渡価格が固まった後で、そのほかの株主に対して株式の売却を同条件でオファーしなければならず、そのほかの株主が、同条件で株式を買い取ることができる権利のこと。そのほかの株主がこのオファーを拒否した場合は、その株主はその条件で第三者に当該株式を売却することができる

サンクコスト

埋没費用。断念・撤退しても回収できないコスト

事業価値

企業価値から非事業価値（事業価値の創造に関係しない資産）を差し引いたもの

事業中断保険

事業や操業を停止・休止した場合の逸失利益を補償する保険

種類株式

株式の権利の内容が異なる複数の種類の株式を発行した場合の、それぞれの株式のこと

正味運転資本

「売上債権＋棚卸資産＋その他流動資産」から「仕入債務＋その他流動負債」を差し引いたネットの運転資本

税務ストラクチャリング

対象会社の買収および買収後の運営において、関係する各国の税制を踏まえた上で、税務上のコストやリスクが最小化される買収・出資形態を組成すること

税務コンプライアンス

納税者が納税義務を自発的かつ適正に履行すること

誓約事項

当事者が一定の行為を行うこと、または行わないことを義務付ける条項

前提条件

売主・買主・対象会社がクロージング時点で満たすべき要件

た行

第三者賠償保険

法律上の損害賠償責任が生じた場合、第三者の被害者に対して支払われなければならない損害賠償金を補償する保険

タームシート

当事者間で基本合意した契約の概要や骨子などを箇条書きにした文書

タッピング

売主または売主のFAが買主候補に対しその興味度合いを探る初期的アプローチ

チェンジ・オブ・コントロール条項

対象会社の経営権・支配権の変更・異動が発生した場合に、対象会社が締結する契約の内容に制限を設けたり契約解除を可能にする条項

ティーザー

売却対象となる対象会社の概要を対象企業が特定されない程度にまとめた簡易な資料

ディスカウンテッド・キャッシュフロー法

将来継続的に得られるキャッシュフローを割引し、現時点での事業や企業の価値を評価する手法

ディスクロージャー・スケジュール

表明保証の対象除外項目リスト

デミニミス

個別補償の下限額

デューデリジェンス

買収対象会社の価値およびリスクを査定すること

な行

内部収益率

投資によって得られる将来のキャッシュフローの現在価値と、投資額の現在価値が等しくなる割引率

ナレッジクウォリファイア

知り得る限りにおいて、その存在・不存在を表明保証するもの

認証

公文書の公印の確認行為

は行

バーチャルデータルーム

ウェブ上で作成された開示資料を置く資料室。関連当事者以外はアクセスできないようセキュリティが確保されている

ハードルレート

プロジェクトの内部収益率の評価を行うための基準レート。株主として期待する当該投資の最低水準の利回り

パススルー課税

事業を行っている会社の利益に直接課税せず、その会社からその利益の配分を受けた株主に対して課税する制度

バリュエーション

企業や事業の価値を金額として評価すること

秘密保持契約

売主から提供された開示情報を第三者に開示しないよう、情報管理を取り決める契約

表明保証

自社および対象会社の財務や法律などに関する一定の事項が真実かつ正確であることを相手側に対し「表明し」かつ「保証する」条項

表明保証保険

表明保証違反に基づき、当事者が被る損害を補償する保険

ファンド

投資家から資金を集めて運用する業者または商品。インフラプロジェクトに参画するファンドはインフラファンドやプライベートエクイティ（PE）が多い

フィナンシャルアドバイザー

M&Aの各当事者に対して、相手方の選定、M&Aプロセスの設計、バリュエーション、交渉など案件全般について助言を行うアドバイザー

プライベートエクイティファンド

事業会社の未公開株を取得したのち、企業の経営に深く関与して企業価値を高めた後、当該株を売却することで高い利回りを狙うことを目的としたファンド

ブラウンフィールド

インフラ投資では完工以降の操業段階を指す

プロ・サンドバッギング

買主がデューデリジェンスによって事前に認知していた事象であっても、補償請求が妨げられることがないとする規定

プロセスレター

対象会社の売却の入札がどのよう手順で進められるか、またNBOやBOの記載要領を売主が買主候補に示す資料

補償

表明保証違反や誓約事項違反が判明した場合に、相手側の損害を金銭で償うこと

ポートフォリオ

分散効果を持たせリスクマネジメントを考慮した複数の資産の構成のこと

ま行

マークアップ

契約書のドラフトの記載内容に対して、修正履歴が残る形で記載修正を要望すること

マイルストーン

入札手続きにおける節目となる中間地点のこと。NBOやBOの提出時期を意味することが多い

マネージメントプレゼンテーション

買収対象会社の経営層が事業の紹介や今後の見通しについて説明する会議のこと

免責

損害が発生しても保険会社が保険金支払責任を負わない金額・範囲

ら行

リテイナーフィー

業務提供期間中の定額報酬

レッドフラッグ

デューデリジェンスレポートにおける M&A の中止を検討しなければならない問題

わ行

ワーキングキャピタル

→運転資本

アルファベット順

Binding Offer

対象会社の買収についての法的な拘束力を有する買収提案書

BO

→ Binding Offer

Capital Asset Pricing Model

資本資産価格モデル。資本資産価格モデルによって求められるリターンは、資産に対する投資家の要求収益率である。第 2 章コラム図表 2-20 参照

CAPM

→ Capital Asset Pricing Model

CFC 税制

→ Controlled Foreign Company 税制

CIM

→インフォメーションメモランダム

Closing

→クロージング

Closing Adjustment

→価格調整方式

COC 条項

→チェンジ・オブ・コントロール条項

Completion Account

→価格調整方式

Condition Precedent

→前提条件

Confidential Information Memorandum

→インフォメーションメモランダム

Controlled Foreign Company 税制

外国子会社を利用した租税回避を防止するために、一定の条件に該当する外国子会社の所得を親会社の所得とみなして合算し、親会社の所在国で課税する制度

Covenants

→誓約事項

DCF 法

→ディスカウンテッド・キャッシュフロー法

De Minimis

→デミニミス

Disclosure Schedule

→ディスクロージャー・スケジュール

Drag along

→強制売却権

EBITDAマルチプル法

対象会社と類似する上場企業の株価などを参考にEBITDA（利益指標）に倍率を掛けることで企業価値を求める手法

FA

→フィナンシャルアドバイザー

Feed-in Premium

再生可能エネルギー発電事業者が卸市場などで売電したときその売電価格に対して一定のプレミアム（補助額）を上乗せする制度

Feed-in Tariff

固定価格買取制度。再生可能エネルギーで発電した電気を、電力会社が一定価格で一定期間買い取ることを国が約束する制度

Financial Advisor

→フィナンシャルアドバイザー

FIP

→ Feed-in Premium

FIT

→ Feed-in Tariff

IM

→インフォメーションメモランダム

Indemnification

→補償

Independent Power Producer

独立系発電事業者

Information Memorandum

→インフォメーションメモランダム

Information Request List

デューデリジェンスに必要な開示情報の要求リスト

Internal Rate of Return

→内部収益率

Initial Public Offering

株式を株式市場に公開し、一般の投資家による売買を可能にすること（同時に新たな資金調達を行うことが多い）

IRL

→ Information Request List

IPP

→ Independent Power Producer

IPO

→ Initial Public Offering

IRR

→内部収益率

Knowledge Qualifier

→ナレッジクウォリファイア

Locked Box

→固定価格方式

Long Stop Date

クロージングが実施されないままとなり、株式譲渡契約を解除できる期日

MAC

→ Material Adverse Change

MAE

→ Material Adverse Effect

Mark up

→マークアップ

Material Adverse Change

→重大な悪影響

Material Adverse Effect

→重大な悪影響

NBO

→ Non-Binding Offer

NDA

→秘密保持契約

Non-Binding Offer

買収価格や買収提案に法的な拘束力はないという前提で、対象会社を買収したいとする買主候補者の意思を示す書類

Non-Disclosure Agreement

→秘密保持契約

on a debt free cash free basis

純有利子負債を無視した状態、すなわち現預金残高がゼロ、有利子負債残高がゼロの前提

PE

→プライベートエクイティファンド

PMI

→ Post Merger Integration

Post Merger Integration

M&A 後の統合効果を最大化するための統合プロセス。経営統合、業務統合、意識統合からなる

Power Purchase Agreement

発電事業者と需要家の間で締結する電力販売契約

PPA

→ Power Purchase Agreement

RCA

→ Root Cause Analysis

Representations and Warranties

→表明保証

Reverse Breakup Fee

→違約金

Reverse Termination Fee

→違約金

Right of First Offer

→先売権

Right of First Refusal

→先買権

RoFO

→先売権

RoFR

→先買権

Root Cause Analysis

根本原因分析。問題の原因を特定し、対策を講じ再発を防止できるようにするためのプロセス

Share Purchase Agreement

→株式譲渡契約

SPA

→株式譲渡契約

Tag along

→共同売却権

Tapping

→タッピング

Teaser

→ティーザー

Termination

→契約解除

Terms of Reference

調査の進め方や報告スケジュールなどを定めた業務指示書

TOR

→ Terms of Reference

VDR

→バーチャルデータルーム

WACC

→ Weighted Average Cost of Capital

Weighted Average Cost of Capital

加重平均資本コスト。企業が資産調達の対価として債権者と株主に平均して支払うと見込まれるコストのこと。第 2 章コラム図表 2–20 参照

索　　引

[あ]

[か]

[さ]

[た]

[な]

[は]

[S-W]

著者紹介

堀切　聡（ほりきり そう）
中国電力株式会社 国際事業部門 部門長補佐
1986 年京都大学経済学部卒業
株式会社日本長期信用銀行にて国内営業、海外プロジェクトファイナンスなどを担当後、
1998 年から日本輸出入銀行（現 株式会社国際協力銀行）にて、審査、営業、リスク管理などを担当し、
2016 年から中国電力株式会社国際事業部門にて海外電力投資を担当

本稿は、筆者個人の見解であり、筆者の所属する組織の公式の見解ではありません。

エネルギー事業における
インフラプロジェクトのM&A
入札から株式譲渡契約まで

2024年 4 月20日　初版発行

著　者　堀切　聡

発行者　大坪克行

発行所　株式会社 税務経理協会
〒161-0033東京都新宿区下落合1丁目1番3号
http://www.zeikei.co.jp
03-6304-0505

編　集　吉冨智子

デザイン　株式会社グラフィックウェイヴ

印　刷　美研プリンティング株式会社

製　本　牧製本印刷株式会社

本書についての
ご意見・ご感想はコチラ

http://www.zeikei.co.jp/contact/

ISBN 978-4-419-06983-4　C3034